Referent: Prof. Dr. G. Herglotz
Korreferent: Prof. Dr. K. Friedrichs
Tag der mündlichen Prüfung: 11. November 1936.

Sonderdruck aus „Mathematische Annalen" Band 115, Heft 1, 1937
und „Mathematische Annalen" Band 115, Heft 5, 1938.

ISBN 978-3-662-27843-7   978-3-662-29343-0 (eBook)
DOI 10.1007/978-3-662-29343-0

Zum Anfangswertproblem der Gravitationsgleichungen.

Von

Karl Stellmacher in Göttingen *).

—————

Im folgenden wird für die Lösungen der Feldgleichungen der allgemeinen Relativitätstheorie gezeigt, daß sie die Eigenschaft besitzen, in einem Weltpunkt P nur von demjenigen Teil der übrigen Welt abzuhängen, der innerhalb der in P zu denkenden Zeitscheide liegt.

Ändert man also die Zustandsgrößen außerhalb der Zeitscheide, so werden diese Größen in P ihren Wert beibehalten bzw. durch Transformation in die alten überführbar sein.

1.

In der Relativitätstheorie definiert man: Ein Weltpunkt P ist „früher" [1] als ein Weltpunkt Q, falls P und Q durch eine überall zeitartige Linie miteinander verbunden werden können und falls zu Q ein größerer Wert der x^0-Koordinate gehört als zu P.

„Gleichzeitig" werden zwei Punkte genannt, die durch eine überall raumartige Linie verbunden werden können.

Durch diese Definitionen ist der Welt ein gewisser Kausalzusammenhang aufgeprägt. Man wird nämlich verlangen müssen, daß bei einer Gleichzeitigkeit kein Wirkungszusammenhang besteht.

Der Wert einer Zustandsgröße in einem Weltpunkte P kann also nur von solchen Weltpunkten abhängen, mit denen P durch überall zeitartige Linien verbunden werden kann; d. h. nur von den Punkten, die im Innern der in P konstruierten Zeitscheide liegen, und zwar in dem Teil, der in die Vergangenheit gerichtet ist. Es dürfen sich also alle Feldwirkungen höchstens mit Lichtgeschwindigkeit ausbreiten.

Der Wirkungszusammenhang wird jedoch unabhängig von diesen Definitionen festgelegt durch gewisse partielle Differentialgleichungen für die physikalischen Zustandsgrößen.

—————

*) Diese Arbeit ist ein Teil einer von der Math.-naturwissenschaftl. Fakultät der Universität Göttingen angenommenen Dissertation. Die Anregung gab mir Herr Professor Friedrichs. Ich bin ihm hierfür und für sein förderndes Interesse zu herzlichem Dank verpflichtet.
[1] Siehe Hilbert, Math. Annalen **92**, S. 11 ff. — Ges. Abh. Bd. III, S. 268 ff.

Es erhebt sich daher die Frage, ob der Wirkungszusammenhang, der durch die Feldgleichungen festgelegt ist, übereinstimmt mit dem Wirkungszusammenhang, der der Welt durch die Einführung der indefiniten Metrik aufgezwungen ist.

Im Falle der speziellen Relativitätstheorie weiß man von den Maxwell-Lorentzschen Gleichungen, daß sie für die elektromagnetische Feldstärke den richtigen Wirkungszusammenhang liefern.

Stellt man nämlich das Cauchysche Anfangswertproblem, d. h. gibt man die Feldstärke zu einer gewissen Zeit $x^0 = 0$ vor, so hängt ihr Wert in einem späteren Weltpunkte P nur ab von demjenigen Teil der Anfangswerte, der durch den in P zu konstruierenden charakteristischen Kegel dieses Gleichungssystems aus der Anfangsfläche ausgeschnitten wird; der charakteristische Kegel fällt mit der Zeitscheide zusammen. Hier erscheint der geforderte Wirkungszusammenhang als eine ganz besondere Eigenschaft einer Lösung der Maxwell-Lorentzschen Gleichungen.

Auch im Falle der allgemeinen Relativitätstheorie müssen wir untersuchen, ob die Feldgleichungen und insbesondere die Gravitationsgleichungen die entsprechende Eigenschaft besitzen, nur von einem Teil der Anfangswerte abzuhängen.

Diese Fragestellung ist schon mehrmals aufgeworfen worden. Zunächst war es Einstein, der für schwach gravitierende Felder das Problem in erster Näherung erledigte[2]).

Ferner wurde von Vessiot[3]) gezeigt, daß der charakteristische Kegel der Gravitationsgleichungen mit der Zeitscheide zusammenfällt, d. h. daß alle Unstetigkeiten von Ableitungen zweiter und höherer Ordnung der Feldkomponenten sich mit Lichtgeschwindigkeit fortpflanzen, wofern diese Singularitäten nicht wegtransformierbar sind, und wofern die entsprechenden Ableitungen niederer Ordnung an der betreffenden Stelle stetig sind.

Einen weiteren Schritt zur Erledigung des Problems tat de Donder[4]), der das von Einstein für schwache Felder benutzte Koordinatensystem auf den Fall beliebiger Gravitationsfelder übertrug; in einem solchen Koordinatensystem nehmen die Gravitationsgleichungen eine derartige Form an, daß eine Ausbreitung der Gravitation mit Lichtgeschwindigkeit und die richtige Kausalstruktur der Welt schon sehr plausibel werden. (Dieses Koordinatensystem werden wir dem einen unserer beiden Beweise zugrunde legen. Näheres darüber s. in Kapitel 3.)

---

[2]) Ber. d. Berl. Akad. d. Wiss. 1916, S. 688, und 1918, S. 154; siehe dazu die Bemerkungen und Bedenken von Eddington, Relativitätstheorie in math. Behandlung (Berlin 1925), § 57.

[3]) Compt. rend. **166** (1918); siehe hierzu auch Levi-Civita, Atti d. Linc. **11** (1930), S. 1.

[4]) La gravifique Einsteinienne (Paris 1921), S. 40—41.

(In nicht so direktem Zusammenhang mit der vorliegenden Fragestellung stehen die berühmten Hilbertschen Untersuchungen zum Kausalitätsproblem[5]). Es wird dort gemäß dem Theorem von Cauchy-Kowalewsky gezeigt, daß die auf einer raumartigen Anfangsmannigfaltigkeit analytisch vorzugebenden Werte der Feldkomponenten nebst deren ersten Ableitungen in der Umgebung der Anfangsfläche bis auf Transformationen *eindeutig* eine analytische Lösung induzieren.

Die Fragestellung, die uns interessiert, wird dabei jedoch kaum berührt, da über das Abhängigkeitsgebiet der Lösung nichts ausgesagt wird, und auf Grund der Methode von Cauchy-Kowalewsky wohl prinzipiell nicht ausgesagt werden kann. Auch ist die Eindeutigkeit insofern nicht garantiert, als der Fall denkbar ist, daß ein zweites nicht analytisches Lösungssystem existiert.)

Demgegenüber werden wir den Beweis dafür führen, daß sich Feldwirkungen höchstens mit Lichtgeschwindigkeit ausbreiten, und zwar werden wir zwei Fälle behandeln; 1. beliebige elektrische und gravitierende Felder im leeren Raum, 2. reine Gravitationsfelder, die stetig verteilter Materie überlagert sind.

<h2 style="text-align:center">2.</h2>

Die Durchführung unseres Beweises für die Gültigkeit des Kausalitätspostulates gelingt auf Grund der Anwendung einer Methode, die von Friedrichs und Lewy stammt[6]).

Wir beweisen zunächst als Hilfssatz, daß das Eindeutigkeitstheorem von Friedrichs und Lewy sich ohne Schwierigkeit auf den Fall einer beliebigen nicht mehr notwendig linearen hyperbolischen Differentialgleichung übertragen läßt, indem wir gleichzeitig kurz den Gedankengang des Friedrichs-Lewyschen Beweises wiederholen. Es soll also gezeigt werden, daß der Wert der Lösung einer vorgegebenen Differentialgleichung von totalhyperbolischem Charakter nur von demjenigen Teil der Anfangswerte abhängt, der durch das in P zu konstruierende charakteristische Konoid aus der Anfangsfläche ausgeschnitten wird.

Vorgelegt sei eine Gleichung vom Typ[7]):

$$(1) \qquad L[u] \equiv a^{ik} u_{ik} + f = 0 \qquad \left(u_{ik} = \frac{\partial^2 u}{\partial x^i \, \partial x^k} \right).$$

---

[5]) Siehe die in Fußn. [1]) zit. Arbeit.

[6]) Math. Annalen **98**, S. 192ff.

[7]) Man übersieht leicht, daß die vorliegende einfache Verallgemeinerung sich auch auf den Fall übertragen läßt, daß eine beliebige Differentialgleichung allgemeinster Form $F(u) = 0$ vorgelegt ist. Es lassen sich dann nämlich die Überlegungen bei entsprechenden Differenzierbarkeitsvoraussetzungen auf die differenzierte Gleichung

$$\frac{\partial F}{\partial x^0} = \frac{\partial F}{\partial u_{ik}} u_{ik0} + W = 0 \quad \text{anwenden. Siehe hierzu die Arbeit von Schauder,}$$

Fundam. Mathem. **34** (1935), S. 213.

In einem Gebiet G, das einen Teil der Anfangsfläche A enthält, seien a^{ik} und f stetig differenzierbare Funktionen der vier unabhängigen Veränderlichen x^i, sowie von u und seinen ersten Ableitungen, den u_i. Die Gleichung (1) soll für eine gewisse vorgegebene Lösung u totalhyperbolisch sein, d. h. die zu a^{ik} gehörige quadratische Form soll den Index $(---+)$ besitzen; ferner sollen sich die a^{ik} kontravariant transformieren, und es soll das Koordinatensystem so gewählt sein, daß die Bedingungen der Raumartigkeit erfüllt sind:

$$(2) \qquad a^{00} > 0, \qquad \begin{vmatrix} a^{11} & a^{12} & a^{13} \\ a^{21} & a^{22} & a^{23} \\ a^{31} & a^{32} & a^{33} \end{vmatrix} < 0.$$

Dann ist offenbar die Matrix (a^{ik}) $(i, k = 1, 2, 3)$ nicht ausgeartet negativ definit; denn die Diskriminante der Form ist nach Voraussetzung negativ, so daß nur die Trägheitsindizes $(++-)$ oder $(---)$ möglich sind. Da aber nach Voraussetzung nur *ein* positives Vorzeichen auftreten kann, so folgt die Behauptung.

Innerhalb des Gebietes G möge eine wohlbestimmte zweite Lösung $\breve{u}$[8]) der Differentialgleichung (1) gegeben sein, die auf einer raumartigen[9]) Anfangsmannigfaltigkeit A hinsichtlich ihres Wertes sowie der Werte der ersten Ableitungen mit der Lösung u übereinstimmt. $\breve{u}$ sei in G nebst seinen Ableitungen erster und zweiter Ordnung nach oben beschränkt; ebenso natürlich u:

$$|u|, \ |u_i|, \ |u_{ik}|, \quad |\breve{u}|, \ |\breve{u}_i|, \ |\breve{u}_{ik}| < M \qquad i, k = 0, 1, 2, 3.$$

M ist eine feste wohlbestimmte Zahl. Es gilt also auch:

$$L\,[\breve{u}] = \breve{a}^{ik}\,\breve{u}_{ik} + \breve{f} = 0,$$

wo $\breve{a}^{ik}$ und $\breve{f}$ die Funktionen a^{ik}, f bedeuten, nachdem in ihnen u nebst Ableitungen durch $\breve{u}$ und seine Ableitungen ersetzt ist. Unter diesen Voraussetzungen gilt der

Satz. *Innerhalb eines noch zu bestimmenden Nachbargebietes von A sind beide Lösungen identisch.*

Zum Beweise bilden wir $L\,(u) - L\,(\breve{u})$:

$$a^{ik}\,(u_{ik} - \breve{u}_{ik}) + \breve{u}_{ik}\,(a^{ik} - \breve{a}^{ik}) + (f - \breve{f}) = 0.$$

Setze ich jetzt:

$$\begin{aligned} u \ - \ \breve{u} \ &= v, \\ u_i \ - \ \breve{u}_i \ &= v_i, \\ u_{ik} \ - \ \breve{u}_{ik} \ &= v_{ik}, \end{aligned}$$

---

[8]) Daß wir *eine bestimmte* zweite Lösung ins Auge fassen, darin liegt das Neue gegenüber Friedrichs und Lewy.

[9]) Sei A die Fläche $f = \text{const.}$ So nennt man f raumartig, falls

$$a^{ik}\,\frac{\partial f}{\partial x^i}\,\frac{\partial f}{\partial x^k} > 0.$$

so bekomme ich eine in v lineare und homogene Differentialgleichung mit verschwindenden Anfangswerten auf A:

$$
(3) \qquad a^{ik} v_{ik} + b^{\varrho} v_{\varrho} + c\, v = 0 \qquad
\begin{cases}
b^{\varrho} = \dfrac{\partial\, a^{ik}(\bar u)}{\partial u_{\varrho}}\, \breve u_{ik} + \dfrac{\partial f(\bar u)}{\partial u_{\varrho}} \\[2ex]
c = \dfrac{\partial\, a^{ik}(\bar u)}{\partial u}\, \breve u_{ik} + \dfrac{\partial f(\bar u)}{\partial u}
\end{cases}
$$

$$\breve u \leqq \bar u \leqq u.$$

Von jetzt ab können wir die Überlegungen von Friedrichs und Lewy (insbesondere l. c. Kapitel 4) ohne weiteres übertragen.

Man konstruiere in einem Punkte P innerhalb von G den charakteristischen Kegel B, von dem wir die vereinfachende Voraussetzung machen, daß er mit der Anfangsfläche A zusammen ein einfach zusammenhängendes Gebiet G' definiert; dieses Gebiet soll ganz innerhalb von G liegen. B schneide aus A einen ebenfalls einfach zusammenhängenden Bereich A' aus. Ohne Beschränkung der Allgemeinheit nehmen wir ferner an, A sei die Fläche $x^0 = 0$ (s. Fig. 1).

Wir denken dann das Kegelinnere ausgefüllt mit der Flächenschar $x^0 = \text{const}$, die wir im Innern von G' als raumartig voraussetzen. Durch

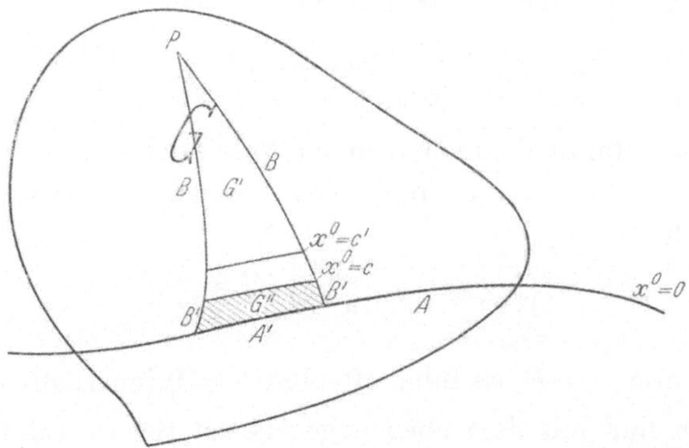

Fig. 1.

Integration der mit v_0 multiplizierten Gleichung (3) über ein Gebiet G'', das begrenzt wird von A', $x^0 = c > 0$ und B', gewinnt man die Gleichung

$$
(4) \qquad \iiint\limits_{G''} (a^{ik} v_{ik} + b^{\varrho} v_{\varrho} + c\, v)\, v_0\, d\tau = 0.
$$

Der Integrand läßt sich darstellen als eine Divergenz vermehrt um eine quadratische Form der ersten Ableitungen von v sowie von v selbst:

$$
\iiint\limits_{G''} [(a^{ik} v_i v_0)_k - \tfrac{1}{2}(v_i v_k a^{ik})_0]\, d\tau = \iiint\limits_{G''} Q(v_i, v)\, d\tau.
$$

Die linke Seite wird nach dem Gaußschen Satz in ein Oberflächenintegral umgeformt:

$$\iint\limits_{O} a^{ik}\,(v_i\,v_0\,\xi_k - \tfrac{1}{2}\,v_i\,v_k\,\xi_0)\,d\omega = \iiint\limits_{G''} Q\,(v_i,\,v)\,d\tau.$$

Die ξ_i bedeuten die Richtungscosinus der nach innen weisenden Normalen. Der über A' zu erstreckende Anteil des Oberflächenintegrals verschwindet; der übrige Teil zerfällt in ein Oberflächenintegral über einen Streifen M' des Mantels des Konoids M und in ein Oberflächenintegral über das Gebiet C der Fläche $x^0 = c$. Wir formen den Integranden des Oberflächenintegrals um und erhalten:

$$-\frac{1}{2}\iint\limits_{C+M'}\frac{1}{\xi_0}\,[a^{ik}\,(v_i\,\xi_0 - v_0\,\xi_i)\,(v_k\,\xi_0 - v_0\,\xi_k) - a^{ik}\,\xi_i\,\xi_k\,v_0^2]\,d\omega = \iiint\limits_{G''} Q\,(v_i,v)\,d\tau.$$

Links unter dem Oberflächenintegral haben wir offenbar, da auf C $\xi_i = \delta_i^0$ und daher $a^{ik}\,\xi_i\,\xi_k = a^{00}$ ist, als Integranden des Anteils über C eine nicht ausgeartet negativ definite Form der sämtlichen ersten Ableitungen von v, während der Integrand des über M' zu erstreckenden Anteiles sicher nicht negativ wird, da auf M $a^{ik}\,\xi_i\,\xi_k = 0$ ist. Indem wir diesen letzteren Anteil unterdrücken, können wir offenbar abschätzen:

$$\iint\limits_{C}\Sigma\,v_i^2\,d\omega \leqq D\iiint\limits_{G''}(\Sigma\,v_i^2 + v^2)\,d\tau \leqq E\iiint\limits_{G''}\Sigma\,v_i^2\,d\tau.$$

E und D sind Konstante, die nicht von der Wahl des Parameters c abhängen[10]). Durch Integration der Ungleichung nach x^0 von $x^0 = 0$ bis $x^0 = c$ erhält man schließlich:

$$\iiint\limits_{G''}\Sigma\,v_i^2\,d\tau \leqq c\,E\iiint\limits_{G''}\Sigma\,v_i^2\,d\tau.$$

Wählt man nun $c < 1/E$, so folgt offenbar $v = 0$ innerhalb von G''.

Indem ich nun mit dem eben angegebenen Beweisverfahren stückweise weiter fortschreite von der Fläche $x^0 = c$ bis zur Fläche $x^0 = c'$, dann von c' bis c'' und so fort, kann ich schließlich bis zur Spitze P des charakteristischen Kegels vordringen, da man für E von vornherein eine Abschätzung angeben kann, die gleichmäßig für jeden Gebietsstreifen zwischen $x^0 = c^{(n)}$ und $x^0 = c^{(n+1)}$ gilt, wie auch immer diese beiden positiven Konstanten $c^{(n)}$ und $c^{(n+1)}$ gewählt werden mögen (solange nur $c < c\,(P)$).

Danach haben wir den folgenden Satz bewiesen: Jede innerhalb und auf dem Rande von G' zweimal stetig differenzierbare Funktion $\breve{u}$, die dort nebst ihren Ableitungen erster und zweiter Ordnung beschränkt ist, und die im

---

[10]) Näheres siehe in der Originalarbeit.

Teilgebiet A' der Anfangsfläche A (einschließlich des Randes) nebst ihren ersten Ableitungen mit u übereinstimmt, ist innerhalb von G' mit u identisch.

Daher folgt auch: $u(P)$ ändert sich nicht, wenn beliebige Änderungen der Anfangswerte auf A außerhalb von A' vorgenommen werden.

3.

Um diese Methode auf die Gravitationsgleichungen anwenden zu können, benutzen wir ein Koordinatensystem, in welchem die Gravitationsgleichungen wesentlich vereinfacht erscheinen hinsichtlich derjenigen Anteile, in denen zweite Ableitungen der g_{ik} nach den Koordinaten auftreten.

Es handelt sich um eine Verallgemeinerung des von Einstein bei der Integration nicht stationärer schwacher metrischer Felder benutzten Koordinatensystems.

(Die Möglichkeit eines solchen Koordinatensystems ist zuerst entdeckt worden von de Donder[11]); Lanczos[12]) hat es unabhängig davon etwas später ebenfalls gefunden und den zu erfüllenden Gleichungen eine besonders elegante und prägnante Form gegeben (siehe hierzu auch die Bemerkung von Darmois[13])).

Nach Lanczos vereinfachen sich in einem Koordinatensystem, in welchem die vier Relationen

$$(1) \qquad \frac{1}{\sqrt{-g}} \frac{\partial \sqrt{-g}\, g^{ri}}{\partial x^r} = 0 \qquad\qquad (i = 0, 1, 2, 3)$$

erfüllt sind, die Komponenten des verjüngten Riemannschen Tensors zu der folgenden Form $\left(\text{wir schreiben } \square \text{ für } g^{\lambda\mu} \dfrac{\partial^2}{\partial x^\lambda\, \partial x^\mu}\right)$:

$$(2) \qquad R_{ik} = \tfrac{1}{2}\,\square\, g_{ik} + \Gamma_{rp,\,i}\,\Gamma_{qs,\,k}\, g^{rs}\, g^{pq} - \frac{\partial g_{pi}}{\partial x^r} \frac{\partial g_{qk}}{\partial x^s}\, g^{pq}\, g^{rs}.$$

Wir zeigen, daß sich stets in der Umgebung einer beliebigen raumartigen Hyperfläche ($x^0 = 0$) ein neues eigentliches[14]) Koordinatensystem auffinden läßt, derart, daß die Koordinatenflächen $x^i = $ const auf eine invariante Art mit dem metrischen Felde verknüpft sind, und daß dort die Gleichungen (1) erfüllt sind.

Wir suchen also eine nicht singuläre Transformation

$$(3) \qquad\qquad \bar{x}^i = \varphi^{(i)}(x^0,\, x^1,\, x^2,\, x^3) \qquad\qquad (i = 0, 1, 2, 3)$$

<hr>

[11]) La gravifique Einsteinienne (Paris 1921), S. 40/41.
[12]) Phys. Zeitschr. **23** (1921), S. 537 ff.
[13]) Mém. des Sc. Math. **25** (1926), S. 14—19.
[14]) Siehe Hilbert, l. c.

derart, daß in dem neuen Koordinatensystem gilt:

$$(1\,\text{a}) \qquad \frac{1}{\sqrt{-\bar{g}}}\,\frac{\partial \sqrt{-\bar{g}}\,\bar{g}^{r\,i}}{\partial \bar{x}^{r}} = 0. \qquad\qquad (i = 0, 1, 2, 3)$$

Dazu betrachten wir die „verallgemeinerte Potentialgleichung":

$$(4) \qquad \frac{1}{\sqrt{-g}}\,\frac{\partial \sqrt{-g}\,g^{r\,s}\,\dfrac{\partial \varphi}{\partial x^{s}}}{\partial x^{r}} = 0.$$

Sie ist invariant, falls φ eine skalare Funktion darstellt. Wir bestimmen dann vier skalare Funktionen $\varphi^{(i)}$ derart, daß jede von ihnen die Gleichung (4) befriedigt, und daß außerdem die Anfangsbedingungen erfüllt sind:

$$(5) \qquad \begin{cases} (\varphi^{(i)})_{x^0\,=\,0} = x^{i}, \\[2ex] \left(\dfrac{\partial \varphi^{(i)}}{\partial x^{0}}\right)_{x^0\,=\,0} = \delta_0^{i}, \end{cases}$$

woraus sofort folgt:

$$\frac{\partial \varphi^{(i)}}{\partial x^{k}} = \delta_k^{i}.$$

Die Lösung dieses Anfangswertproblems kann nach Hadamard[15]) ermittelt werden.

Auf die vier derart gewonnenen Gleichungen

$$\frac{1}{\sqrt{-g}}\,\frac{\partial \left(\sqrt{-g}\,g^{r\,s}\,\dfrac{\partial \varphi^{(i)}}{\partial x^{r}}\right)}{\partial x^{s}} = 0 \qquad\qquad (i = 0, 1, 2, 3)$$

wenden wir die Transformation (3) an; dann resultiert offenbar:

$$\frac{1}{\sqrt{-\bar{g}}}\,\frac{\partial (\sqrt{-\bar{g}}\,\bar{g}^{r\,s}\,\delta_r^{i})}{\partial \bar{x}^{s}} = 0 \qquad\qquad (i = 0, 1, 2, 3),$$

d. h. die Gleichungen (1 a).

War nun das alte Koordinatensystem insbesondere auf der Anfangsfläche ein eigentliches, so gilt aus Stetigkeitsgründen das gleiche in einer gewissen Umgebung der Anfangsfläche für das neue.

Ein de Dondersches Koordinatensystem ist dadurch eindeutig festgelegt, daß es mit einem anderen beliebig vorgegebenen längs einer gewissen raumartigen Hyperfläche einschließlich der ersten Ableitungen der Transformationsfunktionen übereinstimmt. Auf dieser Anfangsfläche stimmen dann die Komponenten eines beliebigen Tensors in beiden Koordinatensystemen überein. Die neuen Koordinatenflächen sind auf invariante Weise mit der Metrik verknüpft, da die Gleichung (4) invariante Form besitzt.

---

15) Le problème de Cauchy, App. 1. — Dort ist der Existenzbeweis nur für Gleichungen mit analytischen Koeffizienten durchgeführt. Doch macht es, wie Hadamard selbst bemerkt, keine wesentliche Schwierigkeit, diese Voraussetzung zu überwinden.

4.

Jetzt sind die Mittel bereitgestellt, um das Problem zu erledigen. Wir denken ein Weltstück G, das frei von Materie ist, in welchem also die Gleichungen gelten:

$$(1) \qquad R_{ik} = k\, S_{ik} \qquad\qquad (i, k = 0, 1, 2, 3).$$

R_{ik} bedeutet den verjüngten Riemannschen Tensor, S_{ik} den elektromagnetischen Energietensor:

$$- S_{ik} = F_{i\alpha}\, F^{\alpha}_{.\,k} - \tfrac{1}{4} g_{ik} F_{\alpha\beta} F^{\alpha\beta} \qquad (i, k = 0, 1, 2, 3)$$

mit $S = 0$. Der schiefsymmetrische Tensor F_{ik} der elektrischen Feldstärke ist durch das Vektorpotential Φ darstellbar.

$$(2) \qquad F_{ik} = \frac{\partial}{\partial x^i}\, \Phi_k - \frac{\partial}{\partial x^k}\, \Phi_i \qquad (i, k = 0, 1, 2, 3),$$

und es gelten die Maxwell-Lorentzschen Feldgleichungen:

$$(3) \qquad \frac{\partial \sqrt{-g}\, F^{i\,\alpha}}{\partial x^{\alpha}} = 0 \qquad\qquad (i = 0, 1, 2, 3).$$

Bekanntlich ist durch (2) und (3) der Vektor Φ_i nur bis auf einen willkürlichen additiven Gradienten bestimmt, so daß man ihm noch die zusätzliche Bedingung.

$$(4) \qquad \frac{\partial \sqrt{-g}\, \Phi^{\alpha}}{\partial x^{\alpha}} = 0$$

vorzuschreiben pflegt. Aus (2), (3) und (4) erhält man durch einfache Umformung[16]:

$$(5)\; \frac{1}{\sqrt{-g}} \frac{\partial}{\partial x^l}\left(g^{kl}\,\sqrt{-g}\,\frac{\partial \Phi_i}{\partial x^k}\right) + \frac{1}{\sqrt{-g}}\frac{\partial}{\partial x^k}\left[\Phi_l\,\frac{\partial}{\partial x^i}\sqrt{-g}\,g^{kl}\right] + g_{ih} F_j^{\cdot k}\frac{\partial g^{hj}}{\partial x^k} = 0$$

$$(i = 0, 1, 2, 3).$$

Innerhalb von G konstruieren wir dann analog Kapitel 2 (Fig. 1) das charakteristische Konoid B (das ist die Zeitscheide), das mit der Anfangsfläche $x^0 = 0$ zusammen das einfach zusammenhängende Gebiet G' begrenzt. In G' gebe es dann zwei Lösungssysteme der Gleichungen (1), (5)

$$g_{ik},\; \Phi_i \quad \text{und} \quad \breve{g}_{ik},\; \breve{\Phi}_i \qquad (i, k = 0, 1, 2, 3),$$

die beide innerhalb von G' und auf seinen Randflächen als zweimal stetig und beschränkt differenzierbar vorausgesetzt werden. Beide Lösungssysteme mögen auf dem von der Zeitscheide B aus der Fläche $x^0 = 0$ ausgeschnittenen Gebiet A' nebst ihren ersten Ableitungen übereinstimmen.

---

[16] v. Laue, Phys. Zeitschr. **21** (1920), S. 659 ff.; siehe auch Rel. Theor. Bd. II, 1. Aufl., S. 148.

Unter diesen Voraussetzungen beweisen wir den Satz: *Beide Lösungssysteme sind innerhalb von G' durch Koordinatentransformation ineinander überführbar*, also physikalisch gleichwertig.

Zum Beweise führen wir in der Welt mit der Metrik g_{ik} ein de Dondersches Koordinatensystem x_{I} ein. In dieser Welt gilt also:

$$\frac{\partial \sqrt{-g}\, g^{ir}}{\partial x_{\mathrm{I}}^{r}} = 0 \qquad\qquad (i = 0,\ 1,\ 2,\ 3).$$

Dieses Koordinatensystem soll gemäß den Anfangsbedingungen (5) von Kapitel 3 nebst den aus der Anfangsfläche herausführenden x_{I}^{0}-Achsen mit demjenigen eigentlichen auf der Anfangsfläche $x^0 = 0$ übereinstimmen, in dem die Anfangswerte gegeben sind.

Desgleichen wählen wir in der zweiten Welt mit der Metrik $\breve{g}_{ik}$ ein de Dondersches Koordinatensystem x_{II}, das den Bedingungen genügt:

$$\frac{\partial \sqrt{-\breve{g}}\, \breve{g}^{ir}}{\partial x_{\mathrm{II}}^{r}} = 0 \qquad\qquad (i = 0,\ 1,\ 2,\ 3).$$

Wieder sollen auf $x^0 = 0$ die Koordinaten x_{II} mit den Koordinaten, in denen die Anfangswerte gegeben sind, übereinstimmen, desgleichen dort auch die x^0-Achsen.

Bilden wir dann die Welt II durch die Gleichungen

$$x_{\mathrm{I}}^{i} = x_{\mathrm{II}}^{i} \qquad\qquad (i = 0,\ 1,\ 2,\ 3)$$

auf die Welt I ab, so bleiben bei dieser Abbildung alle invarianten Gleichungen gültig, die in der Welt II bestanden haben. Auf der Anfangsfläche gilt dann:

$$(g_{ik})_{x^0 = 0} = (\breve{g}_{ik})_{x^0 = 0}$$

(s. S. 143). Aber auch die ersten Ableitungen der g_{ik} stimmen jetzt noch auf der Anfangsfläche überein, da die zweiten Ableitungen der Transformationsfunktionen $\varphi_{\mathrm{I}}^{(i)}$ und $\varphi_{\mathrm{II}}^{(i)}$ auf der Anfangsfläche übereinstimmen, was man mit Hilfe von (4), Kapitel 3, leicht bestätigt.

Auf diese Weise haben wir dann in der Welt I gemäß Kap. 3, Gleichung (2), die beiden Gleichungen gewonnen:

$$(7)\qquad \begin{aligned} \Box\, g_{ik} + A_{ik} &= k\, S_{ik} \qquad &\left(\Box = g^{\lambda\mu}\frac{\partial^2}{\partial x^\lambda\, \partial x^\mu}\right),\\[2mm] \breve{\Box}\, \breve{g}_{ik} + \breve{A}_{ik} &= k\, \breve{S}_{ik} \qquad &\left(\breve{\Box} = \breve{g}^{\lambda\mu}\frac{\partial^2}{\partial x^\lambda\, \partial x^\mu}\right). \end{aligned}$$

Die A_{ik} sind Ausdrücke, die nur die g_{ik} und deren erste Ableitungen enthalten. Entsprechendes gilt auch für die $\breve{A}_{ik}$[17]).

---

[17]) Obwohl wir im Kap. 2 für die zweite Lösung $\breve{u}$ nicht die Voraussetzung brauchten, daß für sie die Koeffizienten a^{ik} die totalhyperbolischen Bedingungen erfüllen, müssen wir hier auch von den $\breve{g}_{ik}$ voraussetzen, daß ihre Matrix den Trägheitsindex $(-\ -\ -\ +)$ besitzt (bei dem Beweise des nächsten Abschnitts ist dies nicht nötig), da sonst in der Welt II die Transformation von de Donder nicht durchführbar zu sein braucht.

Dazu haben wir noch die Gleichungen (5) für die elektromagnetischen Potentiale. Da in ihnen zweite Ableitungen der g_{ik} nur in der Kombination

$$\frac{1}{\sqrt{-g}}\,\frac{\partial \sqrt{-g}\,g^{ie}}{\partial x^e}$$

bzw. in Ableitungen dieser Größen auftreten, so können wir für diese Gleichungen schreiben:

$$(8) \qquad \begin{aligned} \Box\,\varPhi_i + B_i &= 0, \\ \Box\,\breve{\varPhi}_i + \breve{B}_i &= 0, \end{aligned}$$

wo die B_i nur erste Ableitungen der g_{ik} und $\varPhi_i$ enthalten. Auch die S_{ik} in den Gleichungen (7) enthalten höchstens erste Ableitungen der $\varPhi_i$. Entsprechendes gilt für die mit Haken versehenen Größen.

Setzen wir nun

$$g_{ik} - \breve{g}_{ik} = l_{ik} \quad \text{und} \quad \varPhi_i - \breve{\varPhi}_i = f_i,$$

so erhalten wir durch Differenzbildung gemäß (7), (8):

$$\begin{aligned} L_{ik} &\equiv \Box\,l_{ik} - D_{ik} = 0, \\ L_i &\equiv \Box\,f_i - D_i = 0. \end{aligned}$$

Analog der Gleichung (3), S. 140, sind die D lineare Funktionen der l_{ik} und deren erster Ableitungen, sowie der f_i und deren erster Ableitungen. Als Koeffizienten dieser Linearformen D fungieren gewisse ganze rationale Formen der g_{ik}, $\breve{g}_{ik}$, $\varPhi_i$, $\breve{\varPhi}_i$ und deren erster und zweiter Ableitungen. Die besondere Gestalt dieser Formen ist für den Beweis ohne Bedeutung. Auf das so gewonnene Gleichungssystem können wir die Friedrichs-Lewyschen Überlegungen anwenden. Offenbar erfüllen nämlich die g^{ik} alle Voraussetzungen, die wir in Kapitel 2 für die a^{ik} machen mußten hinsichtlich des Trägheitsindex und insbesondere auch hinsichtlich der Bedingungen (2), Abschnitt 2, die mit der Hilbertschen Forderung eines eigentlichen Koordinatensystems äquivalent sind[18]).

Gemäß dem Schluß von Kapitel 2 ist damit der verlangte Beweis erbracht. Man hat nur statt des Integrals (4), S. 140, zu bilden:

$$\iiint\limits_{G''} \left(\frac{\partial\,l_{ik}}{\partial\,x^0}\,L_{ik}\right) d\tau = 0 \quad \text{bzw.} \quad \iiint\limits_{G''} \left(\frac{\partial\,f_i}{\partial\,x^0}\,L_i\right) d\tau = 0$$

und dann genau wie in Kapitel 2 zu verfahren. Das Abhängigkeitsgebiet der Lösung in einem Punkte P erhalten wir demnach, indem wir in diesem Punkte die Zeitscheide denken. Das Abhängigkeitsgebiet wird dann durch die Zeitscheide aus der Anfangsmannigfaltigkeit ausgeschnitten.

---

[18]) l. c.

Diesen Satz können wir in der Sprache der Relativitätstheorie auch so ausdrücken:

In Teilen des Raumes, die frei von Materie sind, können sich „gleichzeitig" gelegene Weltpunkte gegenseitig nicht beeinflussen.

5.

Der vorstehende Beweis läßt sich nicht ausdehnen auf den Fall, daß außer den Zustandsgrößen g_{ik} und Φ_i auch noch stetig verteilte Materie vorhanden ist[19]).

Durch einen besonderen Kunstgriff läßt sich jedoch der Fall inkohärenter Materie bei Abwesenheit irgendwelcher elektrischer Felder behandeln.

Wir haben dann das Gleichungssystem:

(1)
$$\Re_{ik} = k\left(\mathfrak{T}_{ik} - \tfrac{1}{2} g_{ik}\,\mathfrak{T}\right)$$

mit

$$\mathfrak{T}_{ik} = \mathfrak{m}\,u_i\,u_k.$$

Wie üblich, bezeichnet $\mathfrak{m}$ die Massen*dichte* der Materie; u^i den Tangentenvektor von der Länge 1 an die Weltlinien der Materie. Zur Bestimmung dieser Größen haben wir die Gleichungen:

(2)
$$\frac{d u^i}{d s} + \Gamma^i_{\alpha\beta}\,u^\alpha u^\beta = 0, \qquad g_{ik}\,u^i u^k = 1$$

und

(3)
$$\frac{\partial(u^i\,\mathfrak{m})}{\partial x^i} = 0.$$

In G' [20]) seien zwei Systeme von Lösungen (zweimal stetig und beschränkt differenzierbar)

$$g_{ik},\ u^i,\ \mathfrak{m} \qquad \text{und} \qquad \breve{g}_{ik},\ \breve{u}^i,\ \breve{\mathfrak{m}}$$

dieser Gleichungen vorgegeben, die im Gebiet A' der Anfangsfläche $x^0 = 0$ übereinstimmen; und zwar sollen die g_{ik} einschließlich ihrer ersten Ableitungen übereinstimmen, während die Funktionen u^i und $\mathfrak{m}$ nur selber mit $\breve{u}^i$ und $\breve{\mathfrak{m}}$ auf $x^0 = 0$ übereinzustimmen brauchen.

Wiederum haben wir dann den Satz: Unter den angegebenen Voraussetzungen sind beide Lösungssysteme durch Transformation ineinander überführbar.

Die Erledigung des Problems, d. h. der Beweis des Satzes gelingt auf Grund der Einführung eines „Ruh-Koordinatensystems" (s. Hilbert, l. c.);

---

[19]) Dahingehende Versuche scheiterten an der Form der Divergenzgleichung der Materie, die sich überhaupt in unserem Sinne bei der Behandlung als unangenehm erweist.

[20]) Vgl. Kap. 2, Fig. 1.

d. i. ein Koordinatensystem, in dem der kontravariante Tangentenvektor u^i die Komponenten (1 0 0 0) besitzt. Im Gegensatz zum de Donder-Koordinatensystem ist das Ruh-Koordinatensystem durch Differentialgleichungen *erster* Ordnung für die Koordinaten festgelegt. Es wird nämlich verlangt, daß im neuen Koordinatensystem gelten soll:

$$(2\,\mathrm{a}) \qquad \bar{u}^i = \frac{\partial \bar{x}^i}{\partial x^\alpha}\, u^\alpha = \delta_0^i \qquad (i = 0,\ 1,\ 2,\ 3).$$

Diejenigen Weltstellen, an denen keine Materie vorhanden ist, sind in stetig differenzierbarer Weise mit einem Einheits-Vektorfeld ausgefüllt zu denken, das ebenfalls den Differentialgleichungen der geodätischen Linien genügt.

In unserem Ruh-Koordinatensystem besitzt die Kontinuitätsgleichung der Materie die Gestalt:

$$(3\,\mathrm{a}) \qquad \frac{\partial \mathfrak{m}}{\partial x^0} = 0.$$

Ferner folgt aus den Bewegungsgleichungen (2) bei Berücksichtigung des Wertes für den Vektor u:

$$\Gamma_{00}^i = 0 \qquad (i = 0,\ 1,\ 2,\ 3),$$

daher auch:

$$(4) \qquad \Gamma_{00,\,i} = 0 \qquad (i = 0,\ 1,\ 2,\ 3).$$

Ferner gilt wegen $u^i u_i = 1$ (Einheitsvektor!)

$$g_{00} = 1.$$

Daher bekommen wir aus den Gleichungen (4)

$$(5) \qquad \frac{\partial g_{0i}}{\partial x^0} = 0 \qquad (i = 0,\ 1,\ 2,\ 3).$$

Wir führen in beiden gedachten Welten je ein Ruh-Koordinatensystem x_I bzw. x_II ein (gemäß dem Vorgehen auf S. 145), die auf $x^0 = 0$ mit dem ursprünglichen Koordinatensystem übereinstimmen. Wegen des Übereinstimmens der Anfangswerte der u^i stimmen auf der Anfangsfläche wegen (2a) dann auch die Ableitungen

$$\frac{\partial x_\mathrm{I}^i}{\partial x^k} \quad \text{bzw.} \quad \frac{\partial x_\mathrm{II}^i}{\partial x^k}$$

mit dem Einheitstensor δ_k^i überein. Aus dem gleichen Grunde stimmen auch die zweiten Ableitungen der x_I bzw. x_II auf der Anfangsfläche überein.

Bilden wir wiederum die Welt II durch die Gleichungen $x_\mathrm{I} = x_\mathrm{II}$ auf die Welt I ab, d. h. legen wir die Weltlinien der Materie der beiden Welten aufeinander, so erhalten wir übereinstimmende Anfangswerte der g_{ik} und $\mathfrak{m}$ mit den $\breve{g}_{ik}$ bzw. $\breve{\mathfrak{m}}$; ferner folgt im Innern von G' wegen (3a)

$$(6) \qquad \breve{\mathfrak{m}} = \mathfrak{m}$$

und aus (5)

$$(7) \qquad g_{0i} = \breve{g}_{0i} \qquad (i = 0, 1, 2, 3).$$

Unter Berücksichtigung der Vereinfachungen, die unser Koordinatensystem gewährt, erhalten wir statt (1) für die beiden Lösungen die Gleichungssysteme:

$$R_{ik} = k \frac{m}{\sqrt{-g}} (g_{0i} g_{0k} - \tfrac{1}{2} g_{ik}),$$

$$\breve{R}_{ik} = k \frac{\breve{m}}{\sqrt{-\breve{g}}} (\breve{g}_{0i} \breve{g}_{0k} - \tfrac{1}{2} \breve{g}_{ik}).$$

Unter Benutzung von (6) und (7) bilden wir die Differenzen:

$$(1\,\mathrm{a}) \quad R_{ik} - \breve{R}_{ik} = k \cdot m \left[\left(\frac{1}{\sqrt{-g}} - \frac{1}{\sqrt{-\breve{g}}} \right) (g_{0i} g_{0k} - \tfrac{1}{2} g_{ik}) + \frac{1}{\sqrt{-\breve{g}}} (-\tfrac{1}{2})(g_{ik} - \breve{g}_{ik}) \right].$$

Wieder setzen wir $g_{ik} - \breve{g}_{ik} = l_{ik}$ und können die rechte Seite von (1a) als homogene lineare Funktion der *sechs* Größen l_{ik} ($i, k = 1, 2, 3$) darstellen. Auch die linke Seite werden wir als Linearform der l_{ik} und ihrer ersten und zweiten Ableitungen darstellen. Gemäß Abschnitt 2 wird uns davon am meisten derjenige Anteil interessieren, der die zweiten Ableitungen der l_{ik} enthält.

Es wird außerdem für das folgende von Bedeutung sein, daß in der Gleichung (1a) mit dem Index 00 die linke Seite hinsichtlich der ersten Ableitungen der l_{ik} eine solche Darstellung gestattet, daß nur Ableitungen nach x^0 auftreten. Offenbar gilt wegen der Gleichungen (4):

$$R_{00} = - \frac{\partial \Gamma_{0r}^r}{\partial x^0} - \Gamma_{0s}^r \Gamma_{0r}^s,$$

$$\breve{R}_{00} = - \frac{\partial \breve{\Gamma}_{0r}^r}{\partial x^0} - \breve{\Gamma}_{0s}^r \breve{\Gamma}_{0r}^s,$$

daraus durch Subtraktion

$$R_{00} - \breve{R}_{00} = - \tfrac{1}{2} g^{rs} \frac{\partial^2 (g_{rs} - \breve{g}_{rs})}{(\partial x^0)^2} + \Gamma_{0s}^r (\Gamma_{0r}^s - \breve{\Gamma}_{0s}^r)$$
$$+ \breve{\Gamma}_{0r}^s (\Gamma_{0s}^r - \breve{\Gamma}_{0s}^r) + l_{\varrho\mu} A^{\varrho\mu}.$$

Die $A^{\varrho\mu}$ sind Polynome der g_{ik}, g^{ik} und der $\Gamma_{ik,l}$, sowie der $\breve{g}_{ik}$, $\breve{g}^{ik}$, $\breve{\Gamma}_{ik,l}$, und deren erster Ableitungen.

Nach Gleichung (7) ist $l_{0i} = 0$; es folgt dann:

$$R_{00} - \breve{R}_{00} = - \frac{1}{2} g^{rs} \frac{\partial^2 l_{rs}}{(\partial x^0)^2} + \frac{1}{2} \frac{\partial l_{rt}}{\partial x^0} (\Gamma_{0s}^t g^{sr} + \breve{\Gamma}_{0s}^t \breve{g}^{sr}) + l_{\varrho\mu} \overline{A}^{\varrho\mu}.$$

Durch Integration nach x^0 von der Anfangsfläche bis x^0 und anschließende passende Umformung mittels partieller Integration erhalten wir schließlich:

$$(8) \quad \int_0^{x^0} (R_{00} - \breve{R}_{00})\, dx^0 = - \frac{1}{2} \frac{\partial l_{rs}}{\partial x^0} \cdot g^{rs} + l_{\varrho\mu} B^{\varrho\mu} + \int_0^{x^0} l_{\varrho\mu} C^{\varrho\mu}\, dx^0,$$

wobei die Koeffizienten $C^{\varrho\mu}$ wiederum durch ganze rationale Rechenoperationen, die $B^{\varrho\mu}$ auch noch durch Integration nach x^0 aus den g_{ik}, $\breve{g}_{ik}$ und deren ersten und zweiten Ableitungen gebildet sind.

Ehe wir die übrigen Komponenten aufschreiben, merken wir an, daß sich der verjüngte Riemannsche Tensor hinsichtlich seiner zweiten Ableitungen folgendermaßen schreiben läßt:

$$2 R_{ik} = - g^{rs} \frac{\partial^2}{\partial x^r \, \partial x^s} g_{ik} + \frac{\partial}{\partial x^i} \beta_k + \frac{\partial}{\partial x} \beta_i + L_{ik};$$

dabei ist gesetzt

$$(9) \qquad \beta_i = g^{rs} \left(\frac{\partial g_{ri}}{\partial x^s} - \frac{1}{2} \frac{\partial g_{rs}}{\partial x^i} \right),$$

während die L_{ik} nur noch erste Ableitungen der g_{ik} enthalten. Durch Subtraktion folgt daraus:

$$(9\,\mathrm{a}) \qquad 2 \left(R_{ik} - \breve{R}_{ik} \right) = - g^{rs} \frac{\partial^2 l_{ik}}{\partial x^r \, \partial x^s} + \frac{\partial \gamma_k}{\partial x^i} + \frac{\partial \gamma_i}{\partial x^k} + M_{ik}$$

mit

$$(9\,\mathrm{b}) \qquad \gamma_i = g^{rs} \left(\frac{\partial l_{ir}}{\partial x^s} - \frac{1}{2} \frac{\partial l_{rs}}{\partial x^i} \right).$$

Danach schreiben sich die Gleichungen (1a) unter Berücksichtigung der Gleichungen (8), (9a), (9b):

$$\mathrm{a}) \quad - 2 \gamma_0 = l_{\varrho\mu} B^{\varrho\mu} + \int\limits_0^{x_0} l_{\varrho\mu} \overline{C}^{\varrho\mu} \, d x^0;$$

$$(10) \qquad \mathrm{b}) \quad - \frac{\partial \gamma_0}{\partial x^i} - \frac{\partial \gamma_i}{\partial x^0} = \varLambda_i \qquad\qquad (i = 1, 2, 3),$$

$$\mathrm{c}) \quad \square \, l_{ik} - \frac{\partial \gamma_i}{\partial x^k} - \frac{\partial \gamma_k}{\partial x^i} = \varLambda_{ik} \qquad\qquad (i, k = 1, 2, 3).$$

Die $\varLambda$ sind wieder Linearformen der l_{ik} und ihrer ersten Ableitungen.

Indem wir aus den Gleichungen (10a) und (10b) γ_0 eliminieren, erhalten wir die folgenden drei Gleichungen

$$- \frac{\partial \gamma_i}{\partial x^0} = \varLambda_i - \int\limits_0^{x_0} \frac{\partial}{\partial x^i} l_{rs} \overline{C}^{rs} \, d x^0 - \frac{\partial}{\partial x^i} l_{rs} B^{rs},$$

oder

$$(11) \qquad \frac{\partial \gamma_i}{\partial x^0} = \varLambda_i - \int\limits_0^{x^0} V_i \, d x^0,$$

wo $\varLambda_i$ und V_i wieder Linearformen der l_{ik} und ihrer ersten Ableitungen sind.

Jetzt multiplizieren wir die Gleichungen (10c) entsprechend mit $\dfrac{\partial l_{ik}}{\partial x^0}$ und (11) mit $2\,\dfrac{\partial l_{ik}}{\partial x^k}$, addieren und erhalten:

$$\Box\,(l_{ik})\cdot\frac{\partial l_{ik}}{\partial x^0} - \frac{\partial l_{ik}}{\partial x^0}\left(\frac{\partial \gamma_i}{\partial x^k} + \frac{\partial \gamma_k}{\partial x^i}\right) + 2\,\frac{\partial l_{ik}}{\partial x^k}\,\frac{\partial \gamma_i}{\partial x^0} = L + \int\limits_0^{x_0} N\,dx^0.$$

Die linke Seite ist eine Divergenz bis auf quadratische Formen der $\dfrac{\partial l_{ik}}{\partial x^r}$; es gilt nämlich (s. Friedrichs und Lewy)

$$2\,\frac{\partial^2 l_{ik}}{\partial x^r\,\partial x^s}\,\frac{\partial l_{ik}}{\partial x^0} = \left(\frac{\partial l_{ik}}{\partial x^r}\,\frac{\partial l_{ik}}{\partial x^0}\right)_s - \left(\frac{\partial l_{ik}}{\partial x^r}\,\frac{\partial l_{ik}}{\partial x^s}\right)_0 + \left(\frac{\partial l_{ik}}{\partial x^s}\,\frac{\partial l_{ik}}{\partial x^0}\right)_r.$$

Somit erhalten wir:

$$(12)\quad \left(g^{rs}\frac{\partial l_{ik}}{\partial x^r}\frac{\partial l_{ik}}{\partial x^0}\right)_s - \frac{1}{2}\left(g^{rs}\frac{\partial l_{ik}}{\partial x^r}\frac{\partial l_{ik}}{\partial x^s}\right)_0 - \frac{\partial\left(\dfrac{\partial l_{ik}}{\partial x^0}\gamma_i\right)}{\partial x^k} - \frac{\partial\left(\dfrac{\partial l_{ik}}{\partial x^0}\gamma_k\right)}{\partial x^i} + 2\,\frac{\partial\left(\dfrac{\partial l_{ik}}{\partial x^k}\cdot\gamma_i\right)}{\partial x^0}$$

$$= \overline{L} + \int\limits_0^{x_0} \overline{N}\,dx^0.$$

Ferner addieren wir noch zu (12) die entsprechend mit $2\,P\,\gamma_i$ multiplizierten Gleichungen (11):

$$(13)\qquad + P\,\frac{\partial\,(\gamma_i)^2}{\partial x^0} = 2\,P\,\varLambda_i\,\gamma_i + 2\,\gamma_i\,P\int\limits_0^{x_0} N\,dx^0.$$

(P ist eine Konstante, deren Wahl wir noch offen halten.) Wir integrieren die Summe der linken Seiten von (12) und (13) über das Gebiet G'' (s. S. 140, Fig. 1). Dann resultiert nach Anwendung des Gaußschen Satzes unter dem Oberflächenintegral eine quadratische Form der $4\cdot 6$ Ableitungen erster Ordnung der l_{ik} sowie der drei γ_i, nämlich

$$g^{rs}\left(\frac{\partial l_{ik}}{\partial x^r}\frac{\partial l_{ik}}{\partial x^0}\xi_s - \frac{1}{2}\frac{\partial l_{ik}}{\partial x^r}\frac{\partial l_{ik}}{\partial x^s}\xi_0\right) - \frac{\partial l_{ik}}{\partial x^0}\gamma_i\xi_k - \frac{\partial l_{ik}}{\partial x^0}\gamma_k\xi_i + 2\frac{\partial l_{ik}}{\partial x^k}\gamma_i\xi_0 + 2\,P(\gamma_i)^2\xi_0.$$

Der von den $\Box$-Ausdrücken herrührende Anteil ist positiv definit auf C (vgl. Kapitel 2). Also kann diese quadratische Form durch hinreichend große Wahl der Konstanten P auf C positiv definit gemacht werden. Indem wir für die γ_i wieder ihre Werte (9a) einsetzen, gewinnen wir eine Gleichung:

$$(14)\quad \iint\limits_{M'+C} Q\left(\frac{\partial l_{ik}}{\partial x^r}\right)d\omega = \iiint\limits_{G''}\left[\overline{Q}\left(\frac{\partial l_{ik}}{\partial x^r}l_{st}\right) + E^{irmn}\frac{\partial l_{mn}}{\partial x^r}\int\limits_0^{x_0} V_i\,dx^0\right]d\tau.$$

Q und $\overline{Q}$ sind quadratische Formen der 24 ersten Ableitungen der l_{ik}, $\overline{Q}$ auch noch der l_{ik}, Q ist auf C nicht ausgeartet positiv definit, auf M' eventuell ausgeartet positiv definit. Rechts haben wir außer der quadratischen Form $\overline{Q}$ unter dem Raumintegral noch einen Ausdruck, den wir als quadratische

Form der l_{ik} und ihrer ersten Ableitungen sowie der drei Größen $\int_0^{x_0} V^i\, dx^0$ ansehen können. Demgemäß gewinnen wir aus (14) die Ungleichung:

$$(15) \qquad \iint_C \left(\frac{\partial l_{ik}}{\partial x^0}\right)^2 d\omega \leqq D \iiint_{G''} \left[\left(\frac{\partial l_{ik}}{\partial x^r}\right)^2 + (l_{ik})^2 + \left(\int_0^{x_0} V_i\, dx^0\right)^2\right] d\tau.$$

Mit Hilfe der Schwarzschen Ungleichung gewinnt man leicht:

$$(16) \qquad \left(\int_0^{x_0} V_i\, d x^0\right)^2 \leqq E \int_0^{x_0} (V_i)^2\, dx^0.$$

Ferner gilt offenbar:

$$\int_0^c dx^0 \int_0^{x_0} (V_i)^2\, dx^0 \leqq W \int_0^c (V_i)^2\, dx^0.$$

D, E und W sind Konstanten, die unabhängig vom Parameter c gewählt werden dürfen. Danach erhalten wir aus (15):

$$(17) \qquad \iint_C \left(\frac{\partial l_{ik}}{\partial x^r}\right)^2 d\omega \leqq F \iiint_{G''} \left[\left(\frac{\partial l_{ik}}{\partial x^r}\right)^2 + (l_{ik})^2\right] d\omega,$$

F kann wiederum unabhängig von c gewählt werden (vgl. S. 141). Aus Gleichung (17) folgt dann gemäß dem im Kapitel 2 Gesagten die Eindeutigkeit innerhalb von G'. Somit ist der Satz bewiesen.

Es ist also auch für den Fall einer Welt mit beliebig verteilter inkohärenter Materie die richtige Kausalstruktur für die Welt garantiert.

6.

Die Erledigung des allgemeinen Falles, in dem die Materie überdies noch geladen ist, ist mir bisher nicht gelungen. Jedoch können wir auf Grund des Kapitels 4 einiges über die Kausalität auch in diesem Falle aussagen, falls die geladene Materie diskontinuierlich auf einzelne sehr dünne Weltschläuche verteilt ist. Man leitet dann mit Hilfe des Schlußergebnisses des Kapitels 4 leicht den Satz ab:

Alle *Wirkungen*, die ein Materieteilchen im Weltpunkt *P erzeugt*, liegen innerhalb des in die Zukunft weisenden Teiles der in P zu konstruierenden Zeitscheide.

Um das zu zeigen, hat man nur im Beweisgang des Kapitel 4 als Begrenzung des Gebietes G' anstatt der Zeitscheide B' eine Hyperfläche zu benutzen, die folgendermaßen zu gewinnen ist: Man errichte in P die in die Zukunft weisende Zeitscheide B und bringe diese zum Schnitt mit einer beliebigen raumartigen Fläche R. Die Enveloppe aller derjenigen Zeitscheiden, die in Punkten der Schnittmannigfaltigkeit B, R zu denken sind, liefert dann die gewünschte neue Begrenzungsfläche des Gebietes G'.

(Eingegangen am 7. 6. 1937.)

Ausbreitungsgesetze für charakteristische Singularitäten der Gravitationsgleichungen.

Von

Karl Stellmacher in Göttingen.

Im folgenden wird die Hadamardsche Theorie[1]) der Charakteristiken und Bicharakteristiken systematisch auf die Feldgleichungen der Gravitation sowie auf die Maxwell-Lorentzschen Gleichungen im Rahmen der allgemeinen Relativitätstheorie angewandt; d. h. es werden diejenigen Flächen untersucht, auf denen die Ableitungen von Lösungen der genannten Gleichungen unstetig sind (Wellenfronten), und es wird die Natur dieser Unstetigkeiten untersucht, sowie die Gesetze, nach denen die Unstetigkeiten sich fortpflanzen. Die Durchführung geschieht durchweg in invarianter Form.

Sie liefert im ersten Abschnitt (Charakteristikentheorie) Ergebnisse, die in vollkommener Analogie stehen zu dem, was man bei der bekannten linearisierten Behandlung der Gravitationsgleichungen in erster Näherung erhält[2]). Insbesondere zeigt sich der rein transversale Charakter des nicht wegtransformierbaren Anteiles des Sprungtensors.

Die im zweiten Abschnitt erfolgende Anwendung der *Bicharakteristiken-theorie* zeitigt Ergebnisse, die einerseits mathematisch interessieren dürften wegen ihres von den sonst derartig behandelten Gleichungen abweichenden Verhaltens, andererseits physikalisch wegen der sich dabei ergebenden echten *Erhaltungssätze*. Es wird gezeigt, daß die Bicharakteristiken der Feldgleichungen mit den geodätischen Nullinien zusammenfallen und die „Strahleneigenschaft" besitzen, d. h. daß längs der ganzen Nullinie eine charakteristische Erregung vorhanden ist, wenn dies an einem Punkte des Strahles der Fall ist, und daß umgekehrt längs des ganzen Strahles die Erregung verschwindet, wenn dies an einem Punkte des Strahles der Fall ist. Ferner ergibt sich, daß sich die Unstetigkeiten aus gegebenen Anfangswerten längs des ganzen Strahles bestimmen lassen.

---

[1]) Propagation des ondes, Paris 1903. Eine derartige Anwendung wurde zuerst gegeben von Vessiot (Compt. rend. Févr. 1918) und später von Levi-Civita Atti d. Linc. **11** (1930), p. 1 u. 113 weitergeführt. Der Inhalt dieser Arbeiten wird unter anderem hier im ersten Abschnitt noch einmal kurz dargestellt und invariant formuliert, wie ich glaube, auch erheblich vereinfacht. Die Erkenntnis, daß der Gravitationssprungtensor transversal ist, ist meines Wissens neu.

[2]) Siehe Eddington, Proc. Roy. Soc. London **102** (1923), S. 268 ff.

Die erwähnten Erhaltungssätze, die den Kernpunkt dieser Note bilden, werden genommen, wenn man einem Gedanken von G. Herglotz folgt: Während sich nämlich Hadamard mit dem Beweis für die Strahleneigenschaft der Bicharakteristiken begnügte, stellte Herglotz für die *Differentialgleichungen der Continua* die Differentialgleichung für die Fortpflanzung der Sprunggrößen explizit auf, und es gelang ihm, derselben die Form einer Divergenzgleichung zu geben:

$$(A) \qquad \frac{\partial u^i \, \mathfrak{E}}{\partial x^i} = 0.$$

Hierin ist u^i der Strahlenvektor und $\mathfrak{E}$ bis auf einen nicht verschwindenden Faktor eine definite quadratische Form der Komponenten des Sprungvektors, die Herglotz die „Sprungenergie" nennt. Auf der rechten Seite kann im Falle absorbierender Medien, sowie nicht konstanter Koeffizienten eine nicht verschwindende Dissipationsfunktion stehen[3]).

Dieser Herglotzsche Gedanke ist nun hier auf die Feldgleichungen der allgemeinen Relativitätstheorie übertragen worden. Es ergibt sich wiederum eine echte Divergenzgleichung der Form (A) für eine Sprungenergiedichte $\mathfrak{E}$, die nur verschwindet, wenn die charakteristischen Singularitäten wegtransformierbar sind. Dies bleibt in modifizierter Form gültig bei Hinzunahme elektromagnetischer Felder. Aus der Energiedichte ist mit Hilfe der Gleichung (A) in bekannter Weise durch Integration ein Erhaltungssatz ableitbar für eine Gesamtenergie e. Es scheint, als sei dies der erste Fall, wo es im Rahmen der allgemeinen Relativität gelungen ist, aus reinen Feldgrößen in invarianter Weise einen echten Erhaltungssatz abzuleiten.

Es liegt nahe, diese Sprungenergie e, die man etwa dem Kopf einer plötzlich einsetzenden Welle zuordnen kann, in Beziehung zu setzen zu Vorstellungen der Quantentheorie, indem man etwa die Sprungenergie eines Wellenkopfes als Quantenenergie ansieht und demgemäß e proportional $h\nu$ setzt. Nun ist aber die Frequenz ν vom Koordinatensystem abhängig (Dopplereffekt), e aber eine absolute Invariante. Da ist es nun sehr merkwürdig, daß sich trotzdem die Definition von e in vollkommen ungezwungener Weise diesem Sachverhalt anpassen läßt derart, daß bei Änderung des Koordinatensystems für $e/h = \nu$ sich der richtige Dopplereffekt ergibt. Dies gilt jedoch nur für die Energie der Sprünge erster Ordnung, d. h. für die Sprünge der *ersten* Ableitungen der metrischen und elektrischen Potentiale. Für die Energie der Sprünge höherer Ordnung läßt sich dies nicht erreichen. Es dürften deshalb die Sprünge 1. Ordnung eine besondere Beachtung verdienen. Sie besitzen offenbar auch ohnehin schon größere Anschaulichkeit und größere physikalische Bedeutung.

---

[3]) Diese Herglotzschen Untersuchungen sind bisher nur veröffentlicht in einer Vorlesung, die G. Herglotz im SS. 1931 in Göttingen hielt (Mechanik der Kontinua).

Es zeigen jedoch die Sprünge 1. Ordnung ein abweichendes Verhalten gegenüber den einfacher zu behandelnden Sprüngen höherer Ordnung, weshalb sie am Schluß dieser Arbeit gesondert behandelt werden. Dabei ergibt sich, daß im vorliegenden Falle der Gleichungen der allgemeinen Relativitätstheorie merkwürdigerweise auch die Sprünge 1. Ordnung die Strahleneigenschaften besitzen. Ein derartiges Verhalten von Sprüngen 1. Ordnung ist bisher bei Systemen von Differentialgleichungen 2. Ordnung (mit mehr als einer Differentialgleichung) nicht bekannt geworden[4]). Insbesondere bleiben bei den sonst behandelten Differentialgleichungen der Continua die Sprünge 1. Ordnung unbestimmt.

Damit wir auch im Falle der Sprünge 1. Ordnung eine sinnvolle Definition der Sprungenergie gemäß Gleichung (A) erhalten, müssen die Anfangswerte der Sprünge gewisse Bedingungen erfüllen, die dann längs des betreffenden Strahles automatisch erhalten bleiben. Diese Bedingungen besagen, daß die Parallelverschiebung eines Vektors längs des Strahles unabhängig davon sein soll, ob zur Definition der Parallelverschiebung die an der Sprungfläche doch unstetigen Γ^l_{ik}-Komponenten von der einen oder von der anderen Seite der Sprungfläche genommen werden. Insbesondere ist dann auch die Differentialgleichung der Nullinien selbst unabhängig von der Unstetigkeit der Γ^l_{ik}-Komponenten.

Bemerkenswert ist noch, daß es *einen* Ausnahmefall gibt, in welchem alles eben über die Sprünge 1. Ordnung Gesagte nicht mehr gilt; falls nämlich die Wellenfront, d. h. die Trägerfläche der Unstetigkeiten, eben ist. Unter ebenen Wellenfronten ist dabei eine natürliche Verallgemeinerung dieses Begriffs auf allgemeine Riemannsche Metrik zu verstehen. In diesem Falle bleibt sowohl die Richtung des Strahles, als auch der Sprungtensor unbestimmt. Die ebenen Wellenflächen könnte man demnach als doppelt charakteristisch bezeichnen.

Ein Ergebnis dieser Arbeit, das mir in physikalischer Hinsicht noch erwähnenswert erscheint, ist das folgende: Wie auch immer man die Charakteristikentheorie zur Konstruktion von Quanten benutzen mag, immer wird es erforderlich sein, von elektrischen *und* Gravitationseigenschaften desselben Quants zu sprechen. Eine alleinige Behandlung und Konstruktion von Gravitationsquanten muß von diesem Standpunkt aus als sinnlos gelten. Wohl aber existiert *ein* ausgezeichnetes Verhältnis zwischen elektrischer und Gravitationsenergie, für das besonders große Stabilität vorhanden ist.

Schließlich sei hier auch noch angemerkt, daß die Theorie der Charakteristiken der Feldgleichungen gewisse Schlüsse auf die Lösungen selbst

---

4) Hadamard, l. c.

gestattet, was deswegen von besonderer Bedeutung ist, weil immer noch nur sehr wenig Lösungen bekannt sind.

Daß wir hier in der Einleitung so ausführlich besonders diejenigen Gesichtspunkte herausstellten, die physikalisch wichtig zu sein scheinen, soll nur darauf aufmerksam machen, daß die hier rein mathematisch behandelte Theorie nach Hinzunahme neuer physikalischer Hypothesen vielleicht die Möglichkeit gibt, gewisse Anteile der Quantentheorie auch vom Standpunkt einer reinen Feldphysik zu verstehen.

Im folgenden soll uns jedoch in erster Linie die mathematische Seite der Problemstellung interessieren.

I. Charakteristikentheorie der Sprünge höherer Ordnung.

1.

Wir denken eine Fläche

$$z = 0,$$

auf der der Fundamentaltensor g_{ik} stetig sein möge, während seine Ableitungen von irgendeiner Ordnung dort einen Sprung machen sollen, derart, daß sie von beiden Seiten der Sprungfläche $z = 0$ endlichen, aber verschiedenen Grenzwerten zustreben. Es bilden dann die Sprünge n-ter Ordnung einen Tensor $(n + 2)$-ter Stufe, falls die Ableitungen $(n - 1)$-ter Ordnung stetig sind. Wir führen den Beweis zunächst für Sprünge 1. Ordnung.

Dazu bilden wir die kovarianten Ableitungen eines beliebigen kovarianten Vektorfeldes u_i, das mitsamt seinen Ableitungen in der Umgebung der Fläche $z = 0$ stetig ist, an jeder Seite der Unstetigkeitsfläche und subtrahieren; dann folgt, daß der Ausdruck

$$[(\Gamma_{ik}^{\alpha} u_{\alpha})_{\text{von rechts}} - (\Gamma_{ik}^{\alpha} u_{\alpha})_{\text{von links}}] \quad \text{geschrieben} \quad [\Gamma_{ik}^{\alpha} u_{\alpha}] = [\Gamma_{ik}^{\alpha}] u_{\alpha}$$

einen Tensor bilden muß. Wegen der Stetigkeit der g_{ik} folgt dann der Tensorcharakter der Differenzen

$$\left[\frac{\partial g_{ik}}{\partial x^l}\right].$$

Sind ferner die ersten Ableitungen der g_{ik} an der Sprungstelle stetig, während die zweiten Ableitungen springen, so beweist man ganz entsprechend den Tensorcharakter der Sprungfunktionen

$$\left[\frac{\partial^2 g_{ik}}{\partial x^l \partial x^m}\right].$$

Man differenziert einen zweimal stetig differenzierbaren Vektor u_i zweimal kovariant und bildet die Differenz dieses Tensors 3. Stufe an beiden Seiten der Sprungfläche

$$[D_l D_k u_i] = \left[\frac{\partial}{\partial x^l}\, \Gamma^\alpha_{ik}\right] u_\alpha.$$

Wegen der Stetigkeit der g_{ik} und ihrer ersten Ableitungen folgt dann der Tensorcharakter von $\left[\dfrac{\partial^2 g_{ik}}{\partial x^l \partial x^m}\right]$.

Entsprechendes gilt für die Sprünge der höheren Ableitungen. Wir bemerken noch einmal, daß wir zum Beweis des Tensorcharakters die Voraussetzung machen mußten, daß sämtliche Ableitungen niedrigerer Ordnung stetig durch die Fläche hindurchgehen müssen. In der Tat bilden die Sprünge der zweiten Ableitungen im allgemeinen keinen Tensor, falls schon die ersten Ableitungen an der betreffenden Stelle unstetig sind.

Wir erinnern weiterhin daran, daß alle diese Sprungtensoren sich auf zweifach kovariante Tensoren zurückführen lassen. Führt man nämlich den als nicht verschwindend vorausgesetzten Gradienten von z ein:

$$\frac{\partial z}{\partial x^i} = p_i,$$

ferner einen zeitartigen Vektor d^i derart, daß

$$(1) \qquad\qquad d_i p^i = 1 \quad \text{und} \quad d_i d^i = 1$$

ist, so kann man bekanntlich setzen:

$$(2) \qquad\qquad \left[\frac{\partial g_{ik}}{\partial x^l}\right] = \varepsilon_{ik}\, p_l.$$

Wie man durch Überschiebung mit d^l erkennt, ist

$$(2\,\mathrm{a}) \qquad\qquad \varepsilon_{ik} = d^l \left[\frac{\partial g_{ik}}{\partial x^l}\right] = \left[\frac{\partial g_{ik}}{\partial z}\right],$$

wenn man mit $\dfrac{\partial}{\partial z} = d^i \dfrac{\partial}{\partial x^i}$ die Differentiation in Richtung d^i bezeichnet.

Entsprechendes gilt für die Sprungtensoren höherer Ordnung, also

$$(3) \qquad\qquad \left[\frac{\partial^2 g_{ik}}{\partial x^l \partial x^m}\right] = p_l\, p_m\, \eta_{ik}$$

mit

$$(3\,\mathrm{a}) \qquad\qquad \eta_{ik} = \left[\frac{\partial^2 g_{ik}}{\partial z^2}\right].$$

Das eben über den tensoriellen Charakter der Sprungfunktionen Gesagte bedarf noch einer Ergänzung. Wir haben nämlich vorauszusetzen, daß die Transformationen, denen gegenüber Invarianz vorhanden sein soll, n-mal stetig differenzierbar sind, wenn wir Ableitungen $(n-1)$-ter Ordnung der

g_{ik} betrachten. Ist dies nicht der Fall, so können wir offenbar durch passende Transformation Sprungstellen erzeugen.

Um einen konkreten Fall zu behandeln, untersuchen wir Sprünge der zweiten Ableitungen der g_{ik}, die durch Transformation erzeugt werden. Es sei also eine nicht singuläre Transformation gegeben:

$$(4) \qquad x^i = f^i(\bar{x}^0, \bar{x}^1, \bar{x}^2, \bar{x}^3) \qquad (i = 0, 1, 2, 3),$$

und es sollen die f^i zweimal stetig differenzierbar sein, während die dritten Ableitungen von f an der Fläche $z = 0$ Sprünge machen mögen:

$$(4\,\mathrm{a}) \qquad \left[\frac{\partial^3 f^i}{\partial x^l\,\partial x^m \partial x^n}\right] = p_l p_m p_k \cdot v^i.$$

Wir wenden diese Transformation an auf den Tensor g_{ik}, dessen erste Ableitungen auf der Sprungfläche stetig seien, während die zweiten Ableitungen den Sprungtensor η_{ik} bilden mögen. Danach bilden wir in den neuen Koordinaten die Ableitungen:

$$\frac{\partial^2}{\partial \bar{x}^l\,\partial \bar{x}^m}\left(\frac{\partial f^\varrho}{\partial \bar{x}^i}\frac{\partial f^\nu}{\partial \bar{x}^a}g_{\varrho\nu}\right) = \frac{\partial^3 f^\varrho}{\partial \bar{x}^i\,\partial \bar{x}^l\,\partial \bar{x}^m}\cdot\frac{\partial f^\nu}{\partial \bar{x}^k}g_{\varrho\nu} + \frac{\partial^3 f^\nu}{\partial \bar{x}^l\,\partial \bar{x}^m\,\partial \bar{x}^k}\frac{\partial f^\varrho}{\partial \bar{x}^i}g_{\varrho\nu}$$

$$+ \frac{\partial f^\varrho}{\partial \bar{x}^i}\frac{\partial f^\nu}{\partial \bar{x}^k}\frac{\partial^2 g_{\varrho\nu}}{\partial \bar{x}^2\,\partial \bar{x}^m} + \cdots$$

(die Punkte sollen Glieder andeuten, die für die Bildung des Sprungtensors ohne Bedeutung sind). Daraus durch Subtraktion der Grenzwerte an beiden Seiten der Sprungfläche:

$$(5) \qquad \left[\frac{\partial^2 \bar{g}_{ik}}{\partial \bar{x}^l\,\partial \bar{x}^m}\right] = \bar{p}_l\,\bar{p}_m\,(\bar{\eta}_{ik} + \bar{p}_i\,\gamma_k + \bar{p}_k\,\gamma_i).$$

Dabei ist gesetzt:

$$\gamma_k = v^\lambda\,\frac{\partial f^\mu}{\partial \bar{x}^k}\,g_{\lambda\mu},$$

$$\bar{\eta}_{ik} = \frac{\partial f^\lambda}{\partial \bar{x}^i}\frac{\partial f^\mu}{\partial \bar{x}^k}\,\eta_{\lambda\mu}.$$

Der Sprungvektor γ_i kann offenbar durch passende Wahl der Sprungfunktionen v_i jeden beliebigen Wert erhalten. Denn es ist z. B. möglich, auf der Sprungfläche $\dfrac{\partial f^\lambda}{\partial \bar{x}^i} = \delta_i^\lambda$ zu setzen. Es wird dann $v^\lambda = g^{\lambda k}\gamma_k$. Danach ist es klar, daß man bei beliebigem γ_i jeden Sprungtensor der Form

$$(5\,\mathrm{a}) \qquad \eta_{ik} = \gamma_i p_k + \gamma_k p_i$$

wegtransformieren und durch Transformation vom Typ (4) (4 a) erzeugen kann.

2.

Wir gehen jetzt über zur Behandlung der Gravitationsgleichungen. Wir schreiben sie in der Form:

$$(6) \qquad R_{ik} = -\frac{1}{k}\left(T_{ik} - \frac{1}{2}\, g_{ik}\, T\right). \text{[5]}$$

Die Komponenten des Energietensors T_{ik} enthalten nur erste Ableitungen der g_{ik}. Wir stellen dann die Grundfrage der Charakteristikentheorie: Wie muß eine Fläche $z = 0$ beschaffen sein, damit auf dieser Fläche die zweiten Ableitungen der g_{ik} Sprünge machen dürfen, während diese Funktionen selbst nebst ihren ersten Ableitungen dort stetig sein sollen. Desgleichen soll auch der Energietensor T_{ik} dort stetig sein.

Zur Beantwortung der Frage bilden wir wie üblich die Gleichungen auf beiden Seiten der Unstetigkeitsfläche, subtrahieren, und erhalten wegen der vorausgesetzten Stetigkeit der T_{ik}:

$$2\,[R_{ik}] \equiv L_{ik} = 0.$$

Das ergibt mit den Bezeichnungen des vorigen Abschnittes:

$$(7) \qquad L_{ik} = p^{\varrho}\, p_{\varrho}\, \eta_{ik} - p^{\varrho}\, p_i\, \eta_{k\varrho} - p^{\varrho}\, p_k\, \eta_{i\varrho} + p_i\, p_k\,(g_{\varrho\lambda}\, \eta^{\varrho\lambda}).$$

Die Gleichungen $L_{ik} = 0$ sind zehn Gleichungen für die zehn Funktionen η_{ik}. Der Rang der dazugehörigen quadratischen Matrix wird uns besonders interessieren.

Offenbar transformiert sich L_{ik} als Tensor auch gegenüber Transformationen vom Typ (4) (4a). Da dabei aber η_{ik} in

$$(8) \qquad \eta_{ik} + \gamma_i p_k + \gamma_k p_i$$

mit willkürlichem Vektor γ_i übergehen kann, ist:

$$L_{ik}\,(\eta_{lm} + \gamma_l p_m + \gamma_m p_l) = L_{ik}\,(\eta_{lm}),$$

also

$$(8a) \qquad L_{ik}\,(\gamma_l p_m + \gamma_m p_l) = 0.$$

Einen invarianten Ausdruck, der wesentlich von einem Sprungtensor abhängt und die Eigenschaft besitzt, sich nicht zu ändern, falls zu dem Sprungtensor ein Tensor der Form (5a) hinzugefügt wird, wollen wir ,,*total-invariant*" nennen.

Ein total-invarianter Ausdruck ist also auch gegen Transformationen vom Typ (4) (4a) invariant, die Unstetigkeiten enthalten.

---

^[5]

$$R_{ik} = \frac{\partial\, \Gamma_{ik}^{l}}{\partial\, x^{l}} - \frac{\partial\, \Gamma_{il}^{l}}{\partial\, x^{k}} + \Gamma_{il}^{m}\, \Gamma_{km}^{l} - \Gamma_{ik}^{l}\, \Gamma_{lm}^{m}$$

mit

$$\Gamma_{ik}^{l} = g^{l\alpha}\left(\frac{\partial\, g_{il}}{\partial\, x^{k}} + \frac{\partial\, g_{kl}}{\partial\, x^{i}} - \frac{\partial\, g_{ik}}{\partial\, x^{l}}\right).$$

Die Form des Energietensors T_{ik} ist wegen der vorausgesetzten Stetigkeit hier belanglos.

Aus der Total-Invarianz des Gleichungssystems (7) folgt offenbar, daß der Rang der dazugehörigen Matrix *höchstens* $10 - 4 = 6$ betragen kann, da wir in (5a) wegen der willkürlichen Wählbarkeit des Vektors γ_i vier linear unabhängige Lösungen vor uns haben.

Um zu zeigen, daß der Rang 6 von unserer Matrix tatsächlich angenommen wird, bilden wir die sechs Ausdrücke:

$$(9) \quad \begin{aligned} & p_i\,p_k\,L_{00} - p_0\,p_i\,L_{0k} - p_0\,p_k\,L_{0i} + p_0\,p_0\,L_{ik} \\ & \equiv p^\varrho\,p_\varrho\,(p_i\,p_k\,\eta_{00} - p_0\,p_i\,\eta_{0k} - p_0\,p_k\,\eta_{0i} + p_0\,p_0\,\eta_{ik})^{6)}) \end{aligned} \quad \left. \right\} \quad (i,\,k = 1,\,2,\,3).$$

Man übersieht sofort, daß die Matrix dieser sechs Gleichungen hinsichtlich der *sechs* Unbekannten η_{ik} $(i,\,k = 1,\,2,\,3)$ den Rang 6 besitzt, wenn nur gilt:

$$(10) \qquad p^\varrho\,p_\varrho = H \neq 0,$$

und wenn p_0 d. h. O. B. d. A. $p = \operatorname{grad} z$ nicht verschwindet. Es kann dann also höchstens vier Lösungen der Gleichungen $L_{ik} = 0$ geben. Die haben wir aber gerade in (8a) gefunden; d. h. jede Lösung von (6) läßt sich im Falle $H \neq 0$ in der Form (8) darstellen.

Wir haben also den *Satz* gewonnen: *An einer Fläche, die nicht Nullfläche ist (d. h. mit $H \neq 0$), können die zweiten Ableitungen der g_{ik} nur solche Sprünge machen, die sich wegtransformieren lassen, die also als Singularitäten der Koordinatenflächen gedeutet werden können.*

3.

Um den Fall

$$(11) \qquad H = 0$$

zu behandeln, benutzen wir eine einfache identische Umformung der Gleichungen (7); setzen wir nämlich

$$b_i = p^\alpha\,\eta_{\alpha i} - \tfrac{1}{2}\,p_i\,\eta \qquad (\text{mit } \eta = g^{\alpha\beta}\,\eta_{\alpha\beta}),$$

so können wir für (7) schreiben:

$$(12) \qquad H\,\eta_{ik} - p_i\,b_k - p_k\,b_i = 0.$$

Ist nun $H = 0$, so haben wir:

$$(12\,\text{a}) \qquad p_i\,b_k + p_k\,b_i = 0,$$

ein Gleichungssystem, das äquivalent ist mit:

$$(12\,\text{b}) \qquad b_i = 0.$$

Um den Rang dieses Gleichungssystems hinsichtlich der η_{ik} zu berechnen, setzen wir:

$$(13) \qquad \vartheta_{ik} = \eta_{ik} - \tfrac{1}{2}\,g_{ik} \cdot \eta,$$

---

⁶⁾ In der Klammer stehen 6 Komponenten der charakteristischen Form des nicht verjüngten Riemannschen Tensors.

eine nicht singuläre Substitution, deren Umkehrung genau so aussieht:

$$(13\,a) \qquad \eta_{ik} = \vartheta_{ik} - \tfrac{1}{2} g_{ik}\, \vartheta \qquad (\text{mit } \vartheta = g^{\alpha\beta}\, \vartheta_{\alpha\beta} = -\eta).$$

Danach können wir schreiben:

$$(14) \qquad b_i = p^\alpha\, \vartheta_{\alpha i} = 0,$$

das sind vier Gleichungen, die bezüglich der ϑ_{ik} vom Rang vier sind, so daß auch das Gleichungssystem (12a) hinsichtlich der η_{ik} den Rang vier besitzt.

Das Gleichungssystem (7) besitzt also im Falle $H = 0$ und nur in diesem Falle außer der wegtransformierbaren Lösung $\eta_i a_k + a_i \eta_k$ noch zwei andere voneinander und den genannten linear unabhängige Lösungen, die nicht wegtransformierbar sind.

Daher ist die Gleichung $H = 0$ als charakteristische Differentialgleichung der Gravitationsgleichungen anzusprechen. D. h. nur, wenn die Ableitungen p_i auf der Fläche $z = 0$ die Gleichung $H = 0$ erfüllen, kann die Fläche $z = 0$ Trägerin von nicht wegtransformierbaren Unstetigkeiten 2. Ordnung sein.

Um die sämtlichen Lösungen der Gleichungen (12b) in übersichtlicher Form angeben zu können, benutzen wir die Hilfsvorstellung eines dreidimensionalen projektiven Bildraumes mit den homogenen Koordinaten ξ^i, dessen Punkte den von einem beliebigen Weltpunkte P (mit $z(P) = 0$) ausgehenden Halbgeraden zugeordnet sind.

Algebraische projektiv-invariante Formeln, die wir dann ableiten, bleiben offenbar bei der Rückkehr in die vierdimensionale Welt auch allgemein invariant.

Die Geraden des projektiven Bildraumes entsprechen zweidimensionalen Ebenen durch P, die Ebenen den Hyperebenen durch P. Dem Nullkegel in P entspricht die Fläche 2. Ordnung

$$(15) \qquad g_{ik}\, \xi^i\, \xi^k = 0$$

mit dem Trägheitsindex $(-\,-\,-\,+)$.

Die Richtung des Nullvektors p^i ist dargestellt durch den Punkt p^i auf (15). Wegen der Definitionsgleichungen (14)

$$p^\alpha\, \vartheta_{\alpha i} = 0 \qquad\qquad (i = 0,\, 1,\, 2,\, 3),$$

ist ferner das Gebilde

$$(16) \qquad \vartheta_{\alpha\beta}\, \xi^\alpha\, \xi^\beta = 0$$

ein Kegel mit der Spitze in p_i; und infolge der Beziehung

$$\eta_{ik} = \vartheta_{ik} - \tfrac{1}{2} g_{ik}\, \vartheta$$

berührt dann die Fläche

$$(17) \qquad \eta_{ik}\, \xi_i\, \xi_k = 0$$

die Fläche (15) in p_i. Die gemeinsame Tangentialebene besitzt die Koordinaten p_i.

Es seien Ω, $\overline{\Omega}$ die beiden konjugiert komplexen Erzeugenden von (15) in p; ebenso seien Π, Π' die Erzeugenden von (17) in p. Sei ferner A eine beliebige reelle Gerade durch den Punkt p, die nicht in der Tangentialebene liegt:

$$(18) \qquad A \equiv \mu\, p^i + \nu a^i.$$

Dann legen wir durch jede der vier genannten Erzeugenden und durch die Gerade A die vier Ebenen ω_i, $\overline{\omega}_i$; π_i, π_i' und können dann offenbar nach passender Normierung von π_i, π_i' schreiben:

$$\eta_{ik}\,\xi^i\xi^k = (\pi_\alpha \xi^\alpha)\,(\pi_\beta'\xi^\beta) + (p_\gamma \xi^\gamma)\,(a_\delta \xi^\delta).$$

a_i ist die Tangentialebene im Schnittpunkt von A mit (17). Es ist also:

$$(19) \qquad \eta_{ik} = \pi_i\,\pi_k' + \pi_k\,\pi_i' + p_i\,a_k + p_k\,a_i.$$

Da p_i sowohl auf π_i, wie auch auf π_i' liegt, so folgt:

$$(20) \qquad p^i\,\pi_i = 0; \quad p^i\,\pi_i' = 0,$$

und mit Hilfe von

$$p^\alpha\,\vartheta_{\alpha i} = p^\alpha\left(\pi_\alpha\,\pi_i' + \pi_i\,\pi_\alpha' - \tfrac{1}{2}\,g_{i\alpha}\,(\pi^\beta\,\pi_\beta')\right) = 0$$

ergibt sich wegen (20):

$$(21) \qquad \pi^\alpha\,\pi_\alpha' = 0\ ^{7}).$$

(Es liegt daher der Punkt π^i auf der Erzeugenden Π', der Punkt π'^i auf Π.) Hieraus folgern wir leicht die Realität der Erzeugenden von (17). Andernfalls wären nämlich offenbar die Erzeugenden π, π' konjugiert komplex. Setzen wir aber

$$\pi_i = \alpha_i + i\beta_i; \quad \pi_i' = \alpha_i - i\beta_i,$$

so folgt

$$\pi^\varrho\,\pi_\varrho' = \alpha^\varrho\,\alpha_\varrho + \beta^\varrho\,\beta_\varrho = 0.$$

Wegen (20) ist aber $p^\varrho\,\alpha_\varrho = p^\varrho\,\beta_\varrho = 0$ und daher beide Vektoren α und β raumartig. Daher folgt

$$(21\,\mathrm{a}) \qquad \alpha^\varrho\,\alpha_\varrho < 0; \quad \beta^\varrho\,\beta_\varrho < 0,$$

---

[7]) Diese Beziehung ist wegen (19) das genaue Analogon zu der von Eddington bei der linearen Behandlung der Gravitationsgleichungen gefundenen Tatsache des Verschwindens der Spur $b_{11} + b_{22}$ des rein transversalen Anteiles der Schwerewellen. Wir werden übrigens im folgenden für die häufig auftretenden inneren Produkte der Form $c^\varrho d_\varrho$ gelegentlich die Bezeichnung (c, d) benutzen.

was mit (21) nicht verträglich ist. Somit ist der Beweis für die Realität der Erzeugenden erbracht.

Schließlich beweisen wir noch, daß die Punkte π^i, π'^i harmonisch liegen zu den Punkten $\omega^i, \overline{\omega}^i$. Wir setzen:

$$\pi^i = \mu\,\omega^i + \overline{\mu}\,\overline{\omega}^i,$$
$$\pi'^i = \nu\,\omega^i + \overline{\nu}\,\overline{\omega}^i.$$

$\mu, \overline{\mu}$ und $\nu, \overline{\nu}$ sind zueinander konjugiert komplex, was man leicht durch Überschiebung jeder der beiden Gleichungen einmal mit ω_i und dann mit $\overline{\omega}_i$ wegen der Realität von $(\omega^i\,\overline{\omega}_i)$ unter Beachtung von $(\omega, \omega) = (\overline{\omega}, \overline{\omega}) = 0$ nachweist. Da das Verhältnis von π und π' unbestimmt ist, können wir insbesondere setzen:

$$\pi^i = P\,(e^{i\gamma}\,\omega^i + \overline{e}^{i\gamma}\,\overline{\omega}^i),$$
$$\pi'^i = \frac{1}{i}\,P\,(e^{i\delta}\,\omega^i - \overline{e}^{i\delta}\,\overline{\omega}^i).$$

Aus $(\pi^\alpha\,\pi_\alpha) = 0$ folgt dann unter Beachtung von

$$(\omega, \overline{\omega}) \neq 0;^8)\quad (\omega, \omega) = 0;\quad (\overline{\omega}, \overline{\omega}) = 0,$$

daß $\gamma = \delta$ sein muß. Daher ist:

$$\pi^i = P\,(e^{i\gamma}\,\omega^i + \overline{e}^{i\gamma}\,\overline{\omega}^i),$$
(22)
$$\pi'^i = \frac{1}{i}\,P\,(e^{i\gamma}\,\omega^i - \overline{e}^{i\gamma}\,\overline{\omega}^i);$$

π, π' und $\omega, \overline{\omega}$ trennen sich also harmonisch.

Aus dieser Darstellung ergibt sich der Satz: *Der Sprungtensor η_{ik} läßt sich nach passender Wahl der Koordinatensprünge an der Unstetigkeitsfläche immer aufbauen aus zwei zueinander orthogonalen „erzeugenden" Vektoren π und π', die in der Sprungfläche liegen und harmonisch sind zu den komplexen Erzeugenden der Wellenfläche.* Wir werden später sehen, daß dies ein prägnanter Ausdruck für den *transversalen Charakter des Sprungtensors* ist.

II. Bicharakteristikentheorie der Sprünge 2. Ordnung.

4.

Bei der Darstellung (19), (22) des Sprungtensors sind zwei Größen, der Parameter γ, sowie ein Normierungsfaktor P, unbestimmt geblieben. Die Bestimmung dieser beiden Größen gelingt mit Hilfe der Bicharakteristiken-Theorie.

$^8)$ Man kann sogar zeigen $(\omega, \overline{\omega}) < 0$, ähnlich wie beim Beweis der Realität von π^i, π'^i.

Nach Hadamard pflegt man die Bicharakteristiken zu definieren als die charakteristischen Kurven der charakteristischen Differentialgleichung (11). Sie werden beschrieben durch die kanonischen Gleichungen von Hamilton-Jacobi:

$$(23) \qquad \frac{d\,x^i}{d\,\tau} = \frac{1}{2}\,\frac{\partial H}{\partial\,p_i}; \quad \frac{d\,p_i}{d\,\tau} = -\frac{1}{2}\,\frac{\partial H}{\partial\,x^i}.$$

Diese Linien fallen offenbar zusammen mit den geodätischen Nullinien auf $z = 0$ [9]). Insbesondere ist der Parameter τ gerade so normiert, daß die Gleichung der geodätischen Nullinien in der Form gilt:

$$(23\,\mathrm{a}) \qquad \frac{d^2\,x^i}{d\,\tau^2} + \Gamma^i_{\alpha\beta}\,\frac{d\,x^\alpha}{d\,\tau}\,\frac{d\,x^\beta}{d\,\tau} = 0.$$

Aus der ersten Gruppe der Gleichungen (22) folgt ferner, daß der Parameter sich definieren läßt durch

$$(23\,\mathrm{b}) \qquad \frac{d}{d\,\tau} = p^\varrho\,\frac{\partial}{\partial\,x^\varrho}.$$

Diese Parameterwahl entspricht also dem Falle, daß man bei geodätischen Linien, die nicht Nullinien sind, die Bogenlänge als Parameter wählt.

In diesem Abschnitt werden wir die Bicharakteristiken-Theorie der Gravitationsgleichungen im leeren Raum betrachten bzw. an solchen Raumstellen, an denen der Energietensor, d. h. die rechten Seiten der Gravitationsgleichungen, auf der Sprungfläche als einmal stetig differenzierbar angesehen werden können. Um nun die erwähnten Ausbreitungsgesetze für den Tensor η_{ik} aufzufinden[10]), bildet man nach Hadamard Sprungrelationen 3. Ordnung, indem man die vorgegebenen Differentialgleichungen 2. Ordnung nach einer zeitartigen Richtung differenziert und danach die Sprungrelationen bildet. Aus ihnen eliminiert man die Sprünge 3. Ordnung, um dann nur Differentialgleichungen für die η_{ik} allein übrig zu behalten, die natürlich nur Differentiationen enthalten dürfen, die in der Sprungfläche liegen, da ja η_{ik} außerhalb der Fläche verschwindet.

Um das durchführen zu können, drücken wir zunächst die zweiten Ableitungen einer vorgegebenen Funktion u, deren erste Ableitungen auf $z = 0$ unstetig sind, durch in der Fläche liegende und eine aus der Fläche herausführende Ableitung aus. Als herausführende Richtung wählen wir das schon bei der Definition der Sprungtensoren benutzte zeitartige Einheitsvektorfeld d^i mit

$$(1) \qquad\qquad (p, d) = 1.$$

---

[9]) Siehe Levi-Civita, l. c.

[10]) Die Theorie für Sprungtensoren höherer, etwa der 3., Ordnung läuft genau so, wenn die zweiten Ableitungen an der Sprungstelle stetig sind. Man hat nur die Ausgangsdifferentialgleichungen vor der Sprungbildung zweimal in Richtung d^i zu differenzieren.

Dadurch ist p_i eigentlich doppelt normiert, da p_i ja außerdem ein Gradient ist. Daß dennoch beide Bedingungen leicht erreicht werden können, sieht man ein, wenn man zunächst ein Koordinatensystem benutzt, in welchem d^i mit der Zeitachse zusammenfällt ($d^i = 1000$). In diesem Koordinatensystem denken wir $z = 0$ nach x^0 aufgelöst gegeben:

$$z = x^0 - \varphi(x^1, x^2, x^3),$$

dann folgt $p_0 = p^\varrho d_\varrho = 1$, eine Gleichung, die wegen ihrer Invarianz auch in jedem anderen Koordinatensystem gültig bleibt. Außerdem gilt in diesem Koordinatensystem nach Gleichung (23):

$$\frac{\partial H}{\partial x_0} = -2\frac{d\,p_0}{d\,\tau} = 0$$

oder, invariant geschrieben:

$$(24) \qquad d \cdot \operatorname{grad} H = d^i\,\frac{\partial H}{\partial x^i} = 0.$$

H ist also auf der Sprungfläche stationär.

Für die häufig vorkommende aus der Fläche herausführende Differentiation in der d-Richtung schreiben wir (wie oben):

$$(25) \qquad d^i\,\frac{\partial}{\partial x^i} = \frac{\partial}{\partial z}$$

und für die dazugehörige invariante Ableitung D_z, die also im Falle der Anwendung auf einen Skalar mit (25) zusammenfällt.

Als in der Fläche liegende Differentiationen wählen wir:

$$(25\,\text{a}) \qquad \frac{d}{d\,x^i} = \frac{\partial}{\partial x^i} - p_i\,\frac{\partial}{\partial z},$$

mit der Umkehrung

$$(25\,\text{b}) \qquad \frac{\partial}{\partial x^i} = \frac{d}{d\,x^i} + p_i\,\frac{\partial}{\partial z}.$$

Wir drücken die zweiten Ableitungen einer Funktion u durch (25) aus und erhalten:

$$(26) \qquad \frac{\partial^2 u}{\partial x^k\,\partial x^i} = \frac{d^2 u}{d\,x^k\,d\,x^i} + \frac{d\,p_i\,u_z}{d\,x^k} + \frac{d\,u_z}{d\,x^i}\cdot p_k + p_i\,p_k\,\frac{\partial^2 u}{\partial z^2} - \frac{\partial d^\lambda}{\partial x^k}\,\frac{\partial u}{\partial x^\lambda}\,p_i.$$

Unter der Annahme, daß die ersten Ableitungen von u an der Sprungfläche unstetig sind, sich aber ebenso wie die zweiten Ableitungen dort Grenzwerten nähern, die längs der Sprungfläche stetig differenzierbar sind, während u stetig sein soll, erhalten wir aus (26) durch Sprungbildung[11]) mit $[u_z] = \eta$, $[u_{zz}] = \zeta$:

$$(27) \qquad [u_{ik}] = \frac{d\,p_i\,\eta}{d\,x^k} + p_k\,\frac{d\,\eta}{d\,x^i} + p_i\,p_k\,\zeta - \frac{\partial d^\lambda}{\partial x^i}\,p_\lambda \cdot p_k\,\eta.$$

---

[11]) Differentiation und Sprungbildung sind vertauschbare Prozesse.

Wegen $(p, d) = 1$, was auch außerhalb der Sprungfläche gilt, haben wir:

$$(27\,\mathrm{a}) \qquad \frac{\partial\,(p, d)}{\partial\,x^k} = 0 = p_{\lambda\,k}\,d^\lambda + \frac{\partial\,d^\lambda}{\partial\,x^k}\,p_\lambda = \frac{\partial\,p_k}{\partial\,z} + \frac{\partial\,d^\lambda}{\partial\,x^k}\,p_\lambda = 0.$$

Unter Anwendung dieser Formel auf das letzte Glied von (27) erhalten wir:

$$(28) \qquad [u_{i\,k}] = \frac{d\,p_i}{d\,x^k}\,\eta + p_k\,\frac{d\,\eta}{d\,x^i} + p_i\,p_k\,\zeta + \frac{\partial\,p_i}{\partial\,z}\,p_k\,\eta,$$

oder auch

$$(28\,\mathrm{a}) \qquad [u_{i\,k}] = p_i\,\frac{d\,\eta}{d\,x^k} + p_k\,\frac{d\,\eta}{d\,x^i} + p_i\,p_k\,\zeta + \eta\,p_{i\,k}$$

(vollständig symmetrisch in $i\,k$).

Setzt man ferner $u = \dfrac{\partial\,v}{\partial\,z}$, so bekommt man zunächst

$$\frac{\partial\,v_{i\,k}}{\partial\,z} = \frac{\partial^2\,v_z}{\partial\,x^i\,\partial\,x^k} - \frac{\partial\,d^\varrho}{\partial\,x^i}\,\frac{\partial^2\,v}{\partial\,x^\varrho\,\partial\,x^k} - \frac{\partial\,d^\varrho}{\partial\,x^k}\,\frac{\partial^2\,v}{\partial\,x^\varrho\,\partial\,x^i} - \frac{\partial^2\,d^\varrho}{\partial\,x^i\,\partial\,x^k}\cdot\frac{\partial\,v}{\partial\,x^\varrho}$$

und durch Sprungbildung wegen der vorauszusetzenden Stetigkeit der ersten Ableitungen von v:

$$[v_{i\,k\,z}] = [u_{i\,k}] - \frac{\partial\,d^\varrho}{\partial\,x^i}\,p_\varrho\,p_k\cdot\eta - \frac{\partial\,d^\varrho}{\partial\,x^k}\,p_\varrho\,p_i\,\eta,$$

oder wegen (27 a):

$$(29) \qquad [v_{i\,k\,z}] = [u_{i\,k}] + \eta\left(p_k\,\frac{\partial\,p_i}{\partial\,z} + p_i\,\frac{\partial\,p_k}{\partial\,z}\right).$$

Nach diesen Vorbereitungen gehen wir daran, die invarianten Strahlengleichungen für die Sprünge der $g_{i\,k}$ aufzustellen.

Wir benutzen zur Durchführung der Rechnung ein geodätisches Koordinatensystem mit dem Ursprung auf der Sprungfläche, in welchem also die sämtlichen ersten Ableitungen der $g_{i\,k}$ verschwinden, die dort als stetig vorausgesetzt werden. Wir bilden dann die invariante Ableitung des verjüngten Riemannschen Tensors in Richtung des Einheitsvektorfeldes d^i:

$$D_z\,R_{i\,k}.$$

Setzen wir noch:

$$\left[\frac{\partial^2\,g_{i\,k}}{\partial\,z^2}\right] = \eta_{i\,k};\quad \left[\frac{\partial^3\,g_{i\,k}}{\partial\,z^3}\right] = \zeta_{i\,k},\quad \text{und}\quad \frac{\partial^3\,g_{i\,k}}{\partial\,x^l\,\partial\,x^m\,\partial\,z} = g_{i\,k,\,l\,m\,z},$$

so erhalten wir in geodätischen Koordinaten:

$$D_z\,R_{i\,k} = \tfrac{1}{2}\,g^{\alpha\,\beta}\,(g_{\alpha\,\beta,\,i\,k\,z} - g_{\alpha\,i,\,k\,\beta\,z} - g_{\alpha\,k,\,i\,\beta\,z} + g_{i\,k,\,\alpha\,\beta\,z})$$

und durch Sprungbildung gemäß (28), (29):

$$2\,[D_z\,R_{i\,k}] \equiv p^\varrho\,p_\varrho\,\zeta_{i\,k} + p_i\,p_k\,g^{\alpha\beta}\,\zeta_{\alpha\beta} - p_i\,p^\varrho\,\zeta_{\varrho\,k} - p_k\,p^\varrho\,\zeta_{\varrho\,i}$$

$$+\,\frac{d\,p^\varrho\,\eta_{i\,k}}{d\,x^\varrho} + \frac{1}{2}\left(\frac{d\,\eta\,p_i}{d\,x^k} + \frac{d\,\eta\,p_k}{d\,x^i}\right) - \frac{d\,p^\varrho\,\eta_{\varrho\,k}}{d\,x^i} - \frac{d\,p^\varrho\,\eta_{\varrho\,i}}{d\,x^k}$$

$$+\,p^\varrho\,\frac{d\,\eta_{i\,k}}{d\,x^\varrho} + \frac{1}{2}\left(p_i\,\frac{d\,\eta}{d\,x^k} + p_k\,\frac{d\,\eta}{d\,x^i}\right) - p_i\,g^{\alpha\beta}\,\frac{d\,\eta_{\alpha\,k}}{d\,x^\beta} - p_k\,g^{\alpha\beta}\,\frac{d\,\eta_{\alpha\,i}}{d\,x^\beta}$$

$$+\,3\,\eta_{ik}\,p^\varrho\,\frac{\partial\,p^\varrho}{\partial\,z} + \frac{3}{2}\,\eta\left(p_i\,\frac{\partial\,p_k}{\partial\,z} + p_k\,\frac{\partial\,p_i}{\partial\,z}\right) - 2\,\eta_{k\,\alpha}\,\frac{\partial\,p^\alpha}{\partial\,z}\,p_i$$

$$-\,2\,\eta_{i\,\alpha}\,\frac{\partial\,p^\alpha}{\partial\,z}\,p_k - \eta_{k\,\alpha}\,p^\alpha\,\frac{\partial\,p_i}{\partial\,z} - \eta_{i\,\alpha}\,p^\alpha\,\frac{\partial\,p_k}{\partial\,z}.$$

Setzen wir:

$$\bar{b}_i = p^\alpha\,\zeta_{\alpha\,i} - \frac{1}{2}\,\zeta\,p_i,$$

$$b_i = p^\alpha\,\eta_{\alpha\,i} - \frac{1}{2}\,\eta\,p_i,$$

$$u_i = g^{\alpha\beta}\,\frac{d\,\eta_{\beta\,i}}{d\,x^\beta} - \frac{1}{2}\,\frac{d}{d\,x^i}\,\eta,$$

$$v_i = \eta_{i\,\alpha}\,\frac{\partial\,p^\alpha}{\partial\,z} - \frac{1}{2}\,\eta\,\frac{\partial\,p_i}{\partial\,z},$$

so können wir schreiben:

$$2\,[D_z\,R_{i\,k}] = \Lambda_{i\,k} = p^\varrho\,p_\varrho\,\zeta_{i\,k} + \frac{d\,p^\varrho\,\eta_{i\,k}}{d\,x^\varrho} + p^\varrho\,\frac{d\,\eta_{i\,k}}{d\,x^\varrho} + 3\,\eta_{i\,k}\cdot\frac{1}{2}\,\frac{\partial\,H}{\partial\,z}$$

$$-\,p_i\,\bar{b}_k - p_k\,\bar{b}_i - \frac{d\,b_k}{d\,x^i} - \frac{d\,b_i}{d\,x^k} - p_i\,u_k - p_k\,u_i$$

$$-\,2\,p_i\,v_k - 2\,p_k\,v_i - \frac{\partial\,p_i}{\partial\,z}\,b_k - \frac{\partial\,p_k}{\partial\,z}\,b_i,$$

oder mit $b_i + u_i + 2\,v_i = w_i$ unter Beachtung von (24) und $H = p^\varrho\,p_\varrho = 0$:

$$(30)\;\Lambda_{ik} = \frac{d\,p^\varrho\,\eta_{i\,k}}{d\,x^\varrho} + p^\varrho\,\frac{d\,\eta_{i\,k}}{d\,x^\varrho} - p_i\,w_k - p_k\,w_i - \frac{d\,b_i}{d\,x^k} - \frac{d\,b_k}{d\,x^i} - \frac{\partial\,p_i}{\partial\,z}\,b_k - \frac{\partial\,p_k}{\partial\,z}\,b_i = 0.$$

Wir können für diese Gleichungen gemäß (7) schreiben:

$$(30\,\text{a})\qquad\qquad \Lambda_{i\,k} = L_{i\,k}(\zeta) + D_{ik}(\eta) = 0$$

und sie ansehen als lineare algebraische Gleichungen zur Bestimmung der $\zeta_{i\,k}$.
Die zehnreihige quadratische Matrix der $L_{i\,k}$ besitzt nun aber für $H = 0$
gemäß Kapitel 3 den Rang 4, so daß sechs linear unabhängige Beziehungen
zwischen den $D_{i\,k}$, d. h. zwischen den $\eta_{i\,k}$ und ihren ersten Ableitungen, exi-
stieren müssen. Vier derartige Beziehungen kennen wir schon, nämlich die
Gleichungen (12 b), die natürlich nicht unabhängig von den gesuchten Re-

lationen sein können. Vielmehr werden wir sofort sehen, daß infolge der Gleichungen (12b) vier von den gesuchten Relationen identisch erfüllt sind[12]).

Unter Berücksichtigung von (12b) haben wir:

$$\Lambda_{ik} = \frac{d\,p^\varrho\,\eta_{ik}}{d\,x^\varrho} + p^\varrho\,\frac{d\,\eta_{ik}}{d\,x^\varrho} - p_i\,w_k - p_k\,w_i = 0.$$

Da die ζ_{ik} nur in der Form $w_i p_k + w_k p_i$ auftreten, werden wir zur Elimination zweckmäßig mit einem beliebigen Tensor $\breve{\vartheta}^{ik}$ zu überschieben haben, von dem wir nur verlangen müssen, daß er die Bedingungen erfüllt:

$$(31) \qquad\qquad \breve{\vartheta}^{\alpha i}\,p_\alpha = 0 \qquad\qquad (i = 0,\ 1,\ 2,\ 3).$$

Indem wir mit irgendeinem derartigen Tensor die Gleichungen (30) überschieben, erhalten wir:

$$(32) \qquad \Lambda_{ik}\,\breve{\vartheta}^{ik} \equiv \breve{\vartheta}^{ik}\,\frac{d}{d\,x^\varrho}\,(p^\varrho\,\eta_{ik}) + \breve{\vartheta}^{ik}\,p^\varrho\,\frac{d}{d\,x^\varrho}\,\eta_{ik} = 0.$$

Denken wir die η_{ik} stetig differenzierbar, aber sonst völlig beliebig nach beiden Seiten der Sprungfläche hin fortgesetzt, so erhalten wir durch Einsetzen der Gleichungen (25a), (25b) wegen (24) und $H = 0$:

$$(32a) \qquad\qquad \breve{\vartheta}^{ik}\frac{\partial}{\partial\,x^\varrho}\,p^\varrho\,\eta_{ik} + \breve{\vartheta}^{ik}\,p^\varrho\,\frac{\partial}{\partial\,x^\varrho}\,\eta_{ik} = 0.$$

Von dieser im geodätischen Koordinatensystem gewonnenen Beziehung wissen wir, daß sie eine invariante Bedeutung besitzt. Bezeichne ich gemäß Gleichung (23b) mit D_τ die invariante Ableitung in Richtung der Tangente der geodätischen Nullinien, so stimmt die Gleichung:

$$(33) \quad 2\,\breve{\vartheta}^{ik}\,D_\tau\,\eta_{ik} + \breve{\vartheta}^{ik}\,\eta_{ik}\cdot\operatorname{div} p = 0 \qquad \left(\operatorname{div} p \equiv \frac{1}{\sqrt{-g}}\,\frac{\partial\,p^\varrho\sqrt{-g}}{\partial\,x^\varrho}\right)$$

mit (32a) in einem geodätischen Koordinatensystem überein und ist invarian t

Diese Gleichung liefert also die gewünschten Sprungrelationen. Für $\breve{\vartheta}^{ik}$ sind nacheinander die sechs linear unabhängigen Lösungen von (31) gesetzt zu denken. Die so entstehenden sechs Gleichungen (33) sind die notwendigen und hinreichenden Bedingungen für die Erfüllbarkeit der Sprungrelationen 3. Ordnung (30a).

Ihrer Entstehung gemäß ist die Gleichung (33) totalinvariant, was man leicht verifiziert[13]).

---

[12]) Anders liegt die Sache im Falle der Sprünge 1. O., den wir später behandeln werden. Hier sind im allgemeinen die $b_i \neq 0$, wir können dann anstatt der vier Identitäten vier Bestimmungsgleichungen für die b_i erhalten.

[13]) Wegen (23a) ist $D_\tau\,p_i = 0$.

Ebenso ist die Gleichung aber auch identisch erfüllt, wenn man für $\breve{\vartheta}^{ik}$ eine „triviale" Lösung

$$(34) \qquad \breve{\vartheta}^{ik} = p^i a^k + p^k a^i - g^{ik}(a, p) \qquad (a^i \text{ beliebig!})$$

wählt; denn es ist dann

$$\breve{\vartheta}^{ik}\, \eta_{ik} = 2 a^\varrho\, b_\varrho = 0$$

und ebenso wegen $D_\tau p_i = 0$ und $D_\tau g_{ik} = 0$:

$$2\,\breve{\vartheta}^{ik}\, D_\tau\, \eta_{ik} = 4\, a^\varrho\, D_\tau\, b_\varrho = 0.$$

In den Gleichungen (33) stecken also in der Tat infolge von (12b) nur zwei wesentliche Gleichungen. Eine davon erhält man, wenn man setzt:

$$(35\,\mathrm{a}) \qquad \breve{\vartheta}^{ik} = \eta^{ik} - \tfrac{1}{2} g^{ik}\cdot \eta = \vartheta^{ik},$$

wodurch wegen (12b) die Gleichungen (31) offenbar befriedigt werden. Man erhält dann:

$$\frac{d}{d\tau}\left(\eta^{ik}\,\eta_{ik} - \tfrac{1}{2}\,\eta\cdot\eta\right) + \left(\eta^{ik}\,\eta_{ik} - \tfrac{1}{2}\cdot\eta\cdot\eta\right) \operatorname{div} p = 0,$$

oder:

$$(35) \qquad \frac{1}{\sqrt{-g}}\, \frac{\partial\, p^\varrho\, \mathfrak{E}}{\partial x^\varrho} = 0 \quad \text{mit} \quad \mathfrak{E} = \sqrt{-g}\, E = \sqrt{-g}\,\left(\eta^{ik}\,\eta_{ik} - \tfrac{1}{2}\,\eta\,\eta\right).$$

Die quadratische Form E ist natürlich total-invariant. Diese Gleichung (35) liefert den Kern aller unserer Überlegungen. Sie gibt uns die Möglichkeit der Definition einer Energie, wovon bald ausführlich die Rede sein wird. Außer der Gleichung (35) steckt in (33) noch eine weitere Bedingungsgleichung, die dadurch zu erhalten ist, daß man für $\breve{\vartheta}^{ik}$ irgendeine von ϑ^{ik} linear unabhängige nicht triviale Lösung setzt, die irgendwie zweckmäßig zu wählen ist. Man weiß dann, daß das Erfülltsein der so gewonnenen beiden Gleichungen die Befriedigung aller möglichen Gleichungen (33) nach sich zieht und damit die Möglichkeit einer Befriedigung der Gleichung (30a) durch die Sprünge 3. Ordnung ζ_{ik} bietet.

5.

Zur weiteren Diskussion der Gleichungen (33) greifen wir auf die Ergebnisse und Vorstellungen vom Schluß des Kapitels 3 zurück. Insbesondere auf die Gleichungen (19) und (22).

Wir berechnen zunächst die invariante Ableitung in Richtung des Nullvektors p^i angewandt auf die Vektoren ω_i und $\bar{\omega}_i$, die Erzeugenden der metrischen Fundamentalform (15) in P. Jedenfalls können wir setzen:

$$(36) \qquad \begin{aligned} &\text{a)} \quad D_\tau\omega_i = L\,\omega_i + K\,\bar{\omega}_i + M\,p_i + N\,u_i,\\ &\text{b)} \quad D_\tau\bar{\omega}_i = \bar{L}\,\bar{\omega}_i + \bar{K}\,\omega_i + \bar{M}\,p_i + \bar{N}\,u_i. \end{aligned}$$

Die großen Buchstaben bezeichnen skalare Größen, u_i sei ein Vektor mit $(u,\,p) \neq 0$ und daher linear unabhängig von den drei anderen Vektoren. Wegen (23a) gilt:

$$p_\alpha\, D_\tau\, \omega^\alpha = \frac{d}{d\tau}\,(p,\,\omega) = 0$$

und

$$p_\alpha\, D_\tau\, \overline{\omega}^\alpha = \frac{d}{d\tau}\,(p,\,\overline{\omega}) = 0.$$

Infolgedessen erhält man aus (36) durch Überschiebung mit p^i:

$$N = 0; \quad \overline{N} = 0.$$

Weiter folgt durch Überschiebung von (36a) mit ω^i sowie von (36b) mit $\overline{\omega}^i$ wegen $(\omega,\,\omega) = (\overline{\omega},\,\overline{\omega}) = 0$:

$$K = 0; \quad \overline{K} = 0.$$

Durch Überschiebung von (36a) mit $\overline{\omega}^i$ und von (36b) mit ω^i sieht man dann, daß L und $\overline{L}$ und daher auch M und $\overline{M}$ konjugiert imaginär sind. Demnach erhalten wir:

$$(37) \qquad \begin{aligned} D_\tau\, \omega_i &= L\,\omega_i + M\,p_i, \\ D_\tau\, \overline{\omega}_i &= \overline{L}\,\overline{\omega}_i + \overline{M}\,p_i. \end{aligned}$$

Nun sind aber die Erzeugenden ω_i, $\overline{\omega}_i$ ihrer Definition gemäß beide unbestimmt bis auf einen für beide Vektoren konjugiert komplexen nicht verschwindenden, aber sonst völlig beliebigen Faktor y bzw. $\overline{y}$. Außerdem kann man zu jedem Vektor einen Summanden $s\,p_i$ bzw. $\overline{s}\,p_i$ (s, $\overline{s}$ sind wieder konjugiert komplex) mit beliebigem Skalar s hinzufügen. Durch passende Wahl dieser Funktionen lassen sich in (37) L und M zum Verschwinden bringen. Setzen wir nämlich anstatt ω_i, $\overline{\omega}_i$ zunächst $\omega_i' = y\,\omega_i$ und $\overline{\omega}_i' = \overline{y}\,\overline{\omega}_i$, so kann man erreichen, daß für die neuen gestrichenen Vektoren gilt:

$$\begin{aligned} D_\tau\,(\omega_i') &= M'\,p_i, \\ D_\tau\,(\overline{\omega}_i') &= \overline{M}'\,p_i. \end{aligned}$$

Dazu hat man nur zu setzen:

$$\frac{d\lg y}{d\tau} = L; \qquad y = \mathrm{Const.}\,e^L,$$

$$\frac{d\lg \overline{y}}{d\tau} = \overline{L}; \qquad \overline{y} = \mathrm{Const.}\,e^{\overline{L}}.$$

Sehen wir ω_i', $\overline{\omega}_i'$ in dieser Weise als normiert an, und schreiben wir wieder ω_i, $\overline{\omega}_i$ statt ω_i', $\overline{\omega}_i'$, so gewinnen wir durch Überschiebung mit ω_i bzw. $\overline{\omega}_i$ für $\sigma = (\omega,\,\overline{\omega})$ die Beziehung:

$$\frac{d\sigma}{d\tau} = 0.$$

Insbesondere lassen sich die Integrationskonstanten, d. h. die Anfangs-
normierung der ω-Vektoren derart bestimmen, daß

$$(38) \qquad (\omega, \overline{\omega}) = \sigma = -\tfrac{1}{2}$$

wird. Um dann noch zu erreichen, daß auch noch der Skalar M' verschwindet
haben wir s und $\overline{s}$ so zu bestimmen, daß

$$D_\tau(\omega_i + s\,p_i) = 0 \quad \text{und} \quad D_\tau(\overline{\omega}_i + \overline{s}\,p_i) = 0$$

wird. Dazu haben wir zu setzen:

$$\frac{d}{d\tau}s = M'; \qquad \frac{d}{d\tau}\overline{s} = \overline{M}'.$$

Demnach gibt es eine Normierung der ω-Vektoren derart, daß gilt:

$$(39) \qquad \begin{aligned} D_\tau \omega_i &= 0, \\ D_\tau \overline{\omega}_i &= 0. \end{aligned}$$

Im Verlaufe dieser Arbeit sehen wir stets ω_i, $\overline{\omega}_i$ in dieser Weise als normiert
an. Diese Vektoren gehen also durch Parallelverschiebung längs der Nullinie
in sich über.

Nach diesen Vorbemerkungen wenden wir uns den Strahlengleichungen
(33) und (35) zu.

Unter Beachtung der Totalinvarianz dieser Gleichungen setzen wir darin
ohne Beschränkung der Allgemeinheit gemäß (19):

$$\eta_{ik} = \pi_i\,\pi_k' + \pi_k\,\pi_i'.$$

Für die Größe E erhalten wir dann aus (35) wegen (21):

$$(40) \qquad E = (\pi, \pi) \cdot (\pi', \pi') \cdot 2$$

oder nach (22):

$$(40\,a) \qquad E = P^4 \cdot 2.$$

E verschwindet also nur, wenn entweder π oder π' ein Nullvektor ist, d. h. wenn
η_{ik} wegtransformierbar ist.

Diese Erkenntnis, sowie der Erhaltungssatz (35) nebst der Tatsache,
daß E totalinvariant ist, berechtigt uns dazu, mit Hilfe von E die „*Sprungenergie*" zu definieren.

Ferner stellen wir fest, daß wegen dieser Eigenschaften von E die Gleichung (35) dazu ausreicht, um zu erkennen, daß die geodätischen Nullinien
mit den Tangentialkomponenten p^i die Strahleneigenschaft besitzen, „Schatten-
grenzen" zu sein[14]). Die Kenntnis von E genügt zur Normierung von π und π'
da nur Produkte aus den Komponenten beider Vektoren in η_{ik} eingehen.

---

[14]) D. h. längs der ganzen Nullinie ist dann und nur dann eine nicht verschwindende Sprungerregung vorhanden, wenn dies in irgendeinem Punkte der betreffenden Nullinie der Fall ist.

Um die noch fehlende Bestimmungsgleichung für den Parameter γ zu erhalten, setzen wir in (33):

$$(41) \qquad \breve{\vartheta}^{ik} = (\pi^i \pi^k - \pi'^i \pi'^k),$$

wodurch wegen (20) die Gleichung (31) erfüllt ist. Dann verschwindet wegen (21):

$$\breve{E} = \breve{\vartheta}^{ik} \eta_{ik} = 2\,(\pi, \pi') \cdot \big((\pi, \pi) - (\pi', \pi')\big),$$

und wir erhalten:

$$\pi^i \pi^k D_\tau \pi_i \pi_k' - \pi'^i \pi'^k D_\tau \pi_i \pi_k' = 0$$

oder wegen $(\pi, \pi') = 0$:

$$\pi^k (\pi, \pi)\, D_\tau \pi_k' - (\pi', \pi')\, \pi'^k D_\tau \pi_k = 0.$$

Daraus wird unter Benutzung von (22):

$$P^4\Big[(e^{i\gamma}\omega^k + \bar{e}^{i\gamma}\bar{\omega}^k)D_\tau \tfrac{1}{i}(e^{i\gamma}\omega_k - \bar{e}^{i\gamma}\bar{\omega}_k) - \tfrac{1}{i}(e^{i\gamma}\omega^k - \bar{e}^{i\gamma}\bar{\omega}^k)D_\tau(e^{i\gamma}\omega_k + \bar{e}^{i\gamma}\bar{\omega}_k)\Big] = 0$$

und nach (39):

$$-\frac{1}{i}\,2\,e^{i\gamma}\frac{d}{d\tau}e^{-i\gamma} + 2\,\frac{1}{i}\,\bar{e}^{i\gamma}\frac{d}{d\tau}\,e^{i\gamma} = 0.$$

Wir haben also schließlich für γ die einfache Differentialgleichung:

$$(42) \qquad \frac{d\gamma}{d\tau} = 0, \qquad\qquad \text{also } \gamma = \text{const.}$$

Damit ist die Integration der Strahlengleichungen zurückgeführt auf eine einzige Quadratur (35), da die Erfüllung der Gleichung (42) und des Erhaltungssatzes (35) auch die Befriedigung sämtlicher Gleichungen (33) nach sich zieht, denn die beiden Tensoren (35a) und (41) sind voneinander und den trivialen Lösungen (34) linear unabhängig, falls nicht schon die Anfangswerte von η_{ik} wegtransformierbar sind.

Gebe ich also auf einem Teilgebiet G einer zweidimensionalen raumartigen Anfangsmannigfaltigkeit (etwa der Schnittfläche von $z = 0$ mit $x^0 = 0$) die zehn Komponenten η_{ik} vor, derart, daß die Gleichungen $b_i = 0$ erfüllt sind, so kann ich sie längs der ganzen geodätischen Nullinien, die das Anfangsgebiet G schneiden, bis auf Koordinatensprünge eindeutig berechnen. Hierbei bleiben die Bedingungen $b_i = 0$ erhalten.

6.

Zur Diskussion der Divergenzgleichung (35) denken wir die Wellenfläche $z = 0$ derart, daß die Strahlen auf ihr nur schwach divergieren (d. h. die Entfernung von einem etwaigen Erregungszentrum soll groß sein gegenüber

49*

allen übrigen vorkommenden Maßen). Es seien dann Unstetigkeiten der erwähnten Art immer nur in gewissen Strahlenbündeln vorhanden (primitive Quantenvorstellung, wenn man will), während außerhalb dieser Strahlenröhren keine Erregung vorhanden sein soll. Wir integrieren dann in üblicher Weise[15]) die Divergenzgleichung (35) über einen Strahlenstreifen, an dessen Rande die Unstetigkeit verschwindet, vom Schnitt mit der Fläche $x^0 = a$ bis zum Schnitt mit der Fläche $x^0 = b$ (das ganze Integrationsgebiet ist natürlich eingebettet in die Unstetigkeitsfläche $z = 0$!). Wir können dann nach dem Gaußschen Satz in ein Oberflächenintegral umformen, von dem nur die Integrale über die jeweils zweidimensionalen Schnittmannigfaltigkeiten mit $x^0 = a$ bzw. $x^0 = b$ übrigbleiben. Daher folgt:

$$(35\,\text{a}) \qquad \frac{1}{k} \iint_\alpha \mathfrak{E}\, p^0\, d\alpha\, d\beta = e = (h\,\nu)$$

(integriert über einen beliebigen raumartigen Querschnitt des betreffenden Strahlenbündels) ist eine *absolute Invariante*, die von der Wahl der raumartigen Schnittfläche (d. h. von der Zeit) gänzlich unabhängig ist. Die Konstante $\dfrac{1}{k}$ [16]) soll passende Dimension besitzen derart, daß e eine Energie definiert. In dieser Definition steckt die Abhängigkeit von dem vollkommen willkürlichen zeitartigen Einheitsvektorfeld d^i, das wir zur Definition des Sprungtensors η_{ik}, sowie zur Normierung von p_i verwendet hatten.

Wir wollen diese Abhängigkeit genauer untersuchen.

Dazu beantworten wir die folgende Frage: wie ändern sich E und e, wenn wir anstatt d^i ein anderes zeitartiges Einheitsvektorfeld d'^i benutzen? Wir haben dann auch ein neues Vektorfeld p_i' derart, daß gilt

$$(43) \qquad p_i' = \varrho\, p_i,$$

wobei durch Überschiebung mit d^i bzw. d'^i wegen $(d, p) = 1$ und $(d'^i, p_i') = 1$ folgt:

$$(44) \qquad \begin{aligned} \varrho &= d^i\, p_i' \\ \frac{1}{\varrho} &= d'^i\, p_i \end{aligned} \qquad\qquad (d', p) = \frac{1}{(d, p')}.$$

Auch der Sprungtensor n-ter Ordnung $\overset{(n)}{\eta_{ik}}$ wird sich mit einem skalaren Faktor multiplizieren:

$$\overset{(n)}{\eta_{ik}'} = \overset{(n)}{\lambda} \cdot \overset{(n)}{\eta_{ik}}.$$

---

[15]) Weyl, Raum, Zeit, Materie. 5. Aufl.

[16]) Da in der allgemeinen Relativitätstheorie die Energie die Dimension einer Masse besitzt, erhält man in der Tat mit Hilfe der Gravitationskonstanten k (Dim. $l^1\, m^{-1}$) richtige Verhältnisse.

Es war

$$\overset{(1)}{\eta_{i\,k}} = -\left[\frac{\partial\,g_{i\,k}}{\partial\,z}\right] = \left[d^\lambda\,\frac{\partial\,g_{i\,k}}{\partial\,x^\lambda}\right].$$

Ebenso ist

$$\overset{(n)}{\eta_{i\,k}} = \left[\frac{\partial^n\,\eta_{i\,k}}{\partial\,z^n}\right].$$

Offenbar gilt dann

$$(45) \qquad \left[\frac{\partial\,g_{i\,k}}{\partial\,x^m}\right] = p_m\overset{(1)}{\eta_{i\,k}} = p_m'\overset{(1)}{\eta_{i\,k}'}; \;\; \overset{(1)}{\eta_{i\,k}} = \varrho\,\overset{(1)}{\eta_{i\,k}'} \left(\text{also } \varrho = \frac{1}{\lambda}\right)$$

Entsprechend auch

$$(45\,\text{a}) \qquad \overset{(n)}{\eta_{i\,k}} = \varrho^n\,\overset{(n)}{\eta_{i\,k}'}.$$

Da nun E quadratisch in den $\eta_{i\,k}$ ist, so folgt

$$(46) \qquad \frac{\overset{(n)}{E}}{\overset{(n)}{E'}} = \varrho^{2\,n}$$

für die Sprünge n-ter Ordnung. Ferner bekommen wir wegen (43):

$$\frac{p^0}{p'^0} = \frac{1}{\varrho}\,.$$

Denken wir nun die Strahlenröhre so eng, daß $\varrho = (p_i',\,d^i)$ im Integrationsgebiet als konstant angesehen werden kann, so erhalten wir nach (35a):

$$(47) \qquad \frac{e}{e'} = \frac{\iint p^0\,\mathfrak{E}\,d\,\alpha\,d\,\beta}{\iint p^0\,\mathfrak{E}\cdot\varrho^{1-2\,n}\,d\,\alpha\,d\,\beta} = \varrho^{2\,n-1} = \left(\frac{(p,\,d)}{(p,\,d')}\right)^{2\,n-1}.$$

Nehmen wir insbesondere an, es falle d^i mit der Zeitachse zusammen, so haben
wir in der Tat bei Neuwahl einer Zeitachse d'^i nicht mehr absolute Invarianz
von (35a), sondern unter den gemachten Voraussetzungen das Transformations-
gesetz (47) (unter d^i nunmehr einen Einheitsvektor in Richtung der Zeitachse
verstanden).

Durch die Bezeichnung $e = h\nu$ haben wir schon angedeutet, daß wir
den Zusammenhang mit der Quantentheorie suchen. Daran hinderte uns
bisher die Invarianz von e. Mit (47) haben wir jedoch unter Umständen die
Möglichkeit, bei Neuwahl der Zeitachse, d. h. des Bezugssystems, ν in der
Weise abzuändern, wie es durch den Dopplereffekt gefordert wird.

Wir erinnern uns an die Theorie des Dopplereffektes im Rahmen der
speziellen Relativitätstheorie und unter der Voraussetzung, daß in dem ver-
wendeten Bezugssystem jedesmal die Zeitachse orthogonal zu den räumlichen
Koordinatenachsen sei und Einheitslänge besitze ($g_{0\,0} = 1$, $g_{0\,i} = 0$ ($i = 1, 2, 3$)).

Eine Lichtwelle im leeren Raum pflegt man dort darzustellen in der Form:

$$\text{const}\cdot e^{2\,\pi\,i\,(p,\,x)},$$

wobei p_j ein Nullvektor ist, dessen räumliche Komponente in die Richtung der Wellennormalen zeigt, während x^j der vierdimensionale Ortsvektor ist. Es ist dann die Frequenz

$$\nu = p_0 = (\mathfrak{e}_0, p)$$

($\mathfrak{e}_0$ ist der Einheitsvektor in Richtung der x^0-Achse). Führen wir dann ein zweites gegen das erste bewegte Koordinatensystem mit der Zeitachse $\mathfrak{e}_0'$ ein, so haben wir in diesem Koordinatensystem

$$\nu' = p_0' = (\mathfrak{e}_0'\, p).$$

Die durch diese Transformation hervorgerufene Änderung der Frequenz bezeichnet man als *Doppler*-Effekt:

$$(48) \qquad \frac{\nu}{\nu'} = \frac{(\mathfrak{e}_0,\, p)}{(\mathfrak{e}_0'\, p)}.$$

Eine volle Übereinstimmung zwischen dem zu fordernden Effekt (48) und (47) ist offenbar im Falle $n = 1$, d. h. im Falle der Sprünge 1. Ordnung und nur in diesem Falle vorhanden. Gerade diese zeigen aber ein abweichendes Verhalten, das wir später noch näher untersuchen werden. Auch dort kann man jedoch analog (35) eine Energie definieren und somit diese als Quantenenergie bezeichnen.

Ehe wir uns mit den Sprüngen 1. Ordnung näher befassen, wollen wir erst die Theorie der Sprünge höherer Ordnung zu Ende führen, indem wir außer den Sprüngen des metrischen Fundamentaltensors auch noch ebensolche Singularitäten des elektromagnetischen Feldes zulassen.

7.

Die Charakteristikentheorie der Maxwell-Lorentzschen Gleichungen

$$(49) \qquad \frac{\partial F^{ik}\sqrt{-g}}{\partial x^k} = 0; \quad (k = 0, 1, 2, 3) \quad F_{ik} = \frac{\partial \Phi_k}{\partial x^i} - \frac{\partial \Phi_i}{\partial x^k}$$

zeigt eine vollkommene Analogie zur Behandlung der Gravitationsgleichungen. Wir betrachten wieder Sprünge 2. Ordnung des Potentialvektors Φ_i:

$$\left[\frac{\partial^2 \Phi_i}{\partial z^2}\right] = \varphi_i.$$

Zunächst nehmen wir an, es seien die ersten Ableitungen der Φ_i und g_{ik} auf der Sprungfläche stetig, so daß aus (49) leicht die vier Sprungrelationen folgen:

$$(50) \qquad H\, \varphi^i - p^i \varphi^\varrho p_\varrho = 0.$$

Durch Koordinatensprung können wir alle Sprungvektoren der Form

$$(51) \qquad \varphi_i = a\, p_i$$

(a willkürlicher Skalar) und nur diese analog Gleichung (4), (5) erzeugen[17]). Man verifiziert leicht die Totalinvarianz von (50), d. h. diese Gleichungen sind für (51) identisch erfüllt, und erkennt, daß die Matrix der Gleichungen (50) bezüglich der φ^i für $H \neq 0$ den Rang drei, für $H = 0$ den Rang 1 besitzt.

Wiederum sind nicht wegtransformierbare Sprungvektoren nur auf einer solchen Fläche $z = 0$ möglich, die der Gleichung $H = 0$ genügt.

Als Strahlen oder Bicharakteristiken ergeben sich wiederum die geodätischen Nullinien. Bei der Ableitung dieses Sachverhaltes tritt jedoch folgende Besonderheit auf:

Untersucht man die Sprungrelationen 3. Ordnung, die die Ausbreitungsgesetze für die Sprünge 2. Ordnung liefern sollen, so ist auch die Ableitung des elektromagnetischen Energietensors an der Sprungstelle unstetig. Daher treten in den Strahlengleichungen (35) und (42) der Gravitation Zusatzglieder auf. Dasselbe gilt für die Sprungrelationen 3. Ordnung der Maxwellschen Gleichungen hinsichtlich der Sprünge 1. Ordnung von g_{ik}.

Es ist deshalb erforderlich, mit dem System (49) simultan das System der Gravitationsgleichungen zu behandeln:

$$(52) \qquad\qquad R_{ik} = - K S_{ik}$$

mit

$$S_{ik} = \tfrac{1}{4} g_{ik} F_{\alpha\beta} \cdot F^{\alpha\beta} - F_{i\alpha} F_k^{\cdot\,\alpha} \quad \text{und} \quad S = 0.$$

Wir benutzen wieder ein geodätisches Koordinatensystem und berechnen zunächst den Sprung des nach z abgeleiteten Energietensors. In einem geodätischen Koordinatensystem lautet die invariante Ableitung:

$$D_z S_{ik} = \frac{1}{2} g_{ik} \frac{\partial F_{\alpha\beta}}{\partial z} \cdot F^{\alpha\beta} - \frac{\partial F_{i\alpha}}{\partial z} \cdot F_k^{\cdot\,\alpha} - \frac{\partial F_{k\alpha}}{\partial z} \cdot F_i^{\cdot\,\alpha}.$$

Die übrigen Glieder verschwinden. Durch Sprungbildung erhalten wir wegen $\left[\dfrac{\partial F_{\alpha\beta}}{\partial z}\right] = (p_\alpha \varphi_\beta - p_\beta \varphi_\alpha)$:

$$[D_z S_{ik}] = g_{ik} p_\alpha \varphi_\beta F^{\alpha\beta} - (p_i \varphi_\alpha - p_\alpha \varphi_i) F_k^{\cdot\,\alpha} - (p_k \varphi_\alpha - p_\alpha \varphi_k) F_i^{\cdot\,\alpha};$$

setzen wir dann

$$(52\,\text{a}) \qquad\qquad p_\alpha F^{\alpha i} = C^i,$$

---

17) Bekanntlich lassen die Maxwell-Lorentzschen Gleichungen einen additiven Gradienten bei der Bestimmung von Φ_i prinzipiell unbestimmt. Danach ist also auch ohne Beachtung des Prinzips der Koordinatensprünge φ_i unbestimmt bis auf einen additiven Vektor ap_i mit beliebigem a. [Dieser Sachverhalt bleibt auch nach der üblichen Hinzunahme der Gleichung div $\Phi = 0$ derselbe, da diese Gleichung wegen (12 b) nur die für $H = 0$ schon erfüllte Bedingung $\varphi^\varrho p_\varrho = 0$ liefert.] Deshalb kann a auch bei einer simultanen Behandlung mit Gravitationssprüngen als von den letzteren unabhängig angesehen werden.

so erhalten wir durch Überschiebung mit $\breve{\vartheta}^{ik}$ analog Gleichung (32) unter Berücksichtigung von (12b):

$$\breve{\vartheta}^{ik}[D_z S_{ik}] = \breve{\vartheta}\,\varphi_\beta\,C^\beta - 2\,\breve{\vartheta}^{ik}\,\varphi_i\,C_k$$

oder gemäß Gleichung (13a):

$$(53)\qquad \breve{\vartheta}^{ik}[D_z S_{ik}] = -\,2\,\breve{\eta}^{ik}\varphi_i\,C_k$$

eine Beziehung, die wegen ihrer Invarianz auch in beliebigen Koordinaten gültig bleibt. Danach bekommen wir aus (52) anstatt (32):

$$(53\,\mathrm{a})\qquad 2\,\breve{\vartheta}^{ik}D_\tau\eta_{ik} + \breve{\vartheta}^{ik}\eta_{ik}\,\mathrm{div}\,p = +\,4\,k\,\breve{\eta}^{ik}C_i\,\varphi_k$$

und insbesondere für $\breve{\vartheta}^{ik} = \vartheta^{ik}$ und also auch $\breve{\eta}^{ik} = \eta^{ik}$:

$$(53\,\mathrm{b})\qquad \mathrm{div}\,(\mathfrak{E}\,p^\varrho) = 4\,k\,\eta^{ik}\varphi_i\,C_k.$$

Nunmehr bilden wir entsprechend für die Maxwellschen Gleichungen (49) die Sprungrelationen 3. Ordnung. Setzen wir den Sprung 3. Ordnung

$$\left[\frac{\partial^3\,\Phi_i}{\partial z^3}\right] = \psi_i,$$

und beachten wir, daß

$$g_{\alpha i}\left[\frac{\partial^2\,g^{\alpha k}}{\partial z^2}\right] = -\,g^{\alpha k}\eta_{\alpha i} = -\,\eta^{\,k}_{.\,i} \quad\text{und daher}\quad \left[\frac{\partial^2\,g^{\alpha k}}{\partial z^2}\right] = -\,\eta^\alpha\,,$$

so erhalten wir in einem geodätischen Koordinatensystem durch Sprungbildung aus (49):

$$(54)\quad \left[D_z\frac{\partial\,\mathfrak{F}^{ik}}{\partial x^k}\right] = H\,\psi^i - (\psi_\varrho\,p^\varrho)\,p^i + 2\,p^\varrho\frac{d\,\varphi^i}{d\,x^\varrho} - \frac{d\,(p^\varrho\,\varphi_\varrho)}{d\,x^\alpha}\,g^{\alpha\,i} - p^i\frac{d\,\varphi^\varrho}{d\,x^\varrho}$$

$$- \,b_\alpha\,F^{\alpha}_{.\,i} - \eta^{\,\alpha}\,p^\beta\,F_{\beta\alpha} = 0.$$

Überschieben wir jetzt mit einem Vektor $\breve{\varphi}_i$, der der Gleichung genügt:

$$\breve{\varphi}^i\,p_i = 0,$$

und beachten wir, daß wegen $H = 0$ auch $\varphi^i p_i = 0$ ist, so erhalten wir, da die Größen b_i verschwinden:

$$2\,\breve{\varphi}^i\frac{d\,\varphi_i}{d\,\tau} + \breve{\varphi}^i\,\varphi_i\frac{d\,p^\varrho}{d\,x^\varrho} = \breve{\varphi}^i\,\eta_{i\alpha}\,C^\alpha,$$

oder invariant geschrieben:

$$(54\,\mathrm{a})\qquad 2\,\breve{\varphi}^i D_\tau\varphi_i + \breve{\varphi}^i\,\varphi_i\,\mathrm{div}\,p = \breve{\varphi}^i\,\eta_{i\alpha}\,C^\alpha.$$

Für $\breve{\varphi}^\alpha = \varphi^\alpha$ bekommen wir insbesondere:

$$(54\,\mathrm{b})\qquad \frac{1}{\sqrt{-g}}\,\frac{\partial\,\varphi^i\,\varphi_i\sqrt{-g}\,p^\varrho}{\partial x^\varrho} = \breve{\varphi}^i\,\eta_{i\alpha}\,C^\alpha.$$

Daher gewinnen wir mit Hilfe von (53b) den Erhaltungssatz:

$$(55) \qquad \frac{1}{\sqrt{-g}} \frac{\partial \, p^\varrho \sqrt{-g} \, (E - 4 \, k \, \varphi^\varrho \, \varphi_\varrho)}{\partial \, x^\varrho} = 0.$$

Hierbei ist zu beachten, daß $(\varphi^\varrho \, \varphi_\varrho)$ negativ ist, da φ_i raumartig ist (E ist nach (40a) positiv). Wir setzen daher:

$$(55\,\mathrm{a}) \qquad - \varphi^i \, \varphi_i = + J$$

und erhalten:

$$(56) \qquad \frac{1}{\sqrt{-g}} \frac{\partial \, p^\varrho \sqrt{-g} \, (E + 4 \, k \, J)}{\partial \, x^\varrho} = 0.$$

Damit haben wir einen Erhaltungssatz gewonnen für eine Energiegröße, die nur verschwindet, wenn E und J *beide* verschwinden.

Demgemäß ist das in Kapitel 5 Gesagte im allgemeinen Falle sinngemäß statt auf E auf die Summe $(E + J \cdot 4 \, k)$ anzuwenden. Die Ausbreitungsvorgänge der Gravitation und der Elektrizität sind miteinander gekoppelt. Die Kopplungskoeffizienten sind die Vektorkomponenten C_i mit

$$(57) \qquad C_i \, p^i = 0.$$

Die Kopplung ist dann und nur dann aufgehoben, wenn

$$(58) \qquad C_i = \lambda \, p_i \; (\lambda = \text{beliebiger Skalar})$$

gilt. Es muß dann nämlich das innere Produkt von C_i mit den drei linear unabhängigen und in der Sprungfläche liegenden Vektoren p_i, π_i und π_i' verschwinden.

Zur Diskussion der Gleichungen (54a) und (54b) nehmen wir der Einfachheit halber zunächst an, es sei keine Kopplung vorhanden[18]). Für diesen Fall können wir die Integration dieser Gleichungen in vollster Analogie zu der der Gleichungen (33) und (35) durchführen.

Wir haben dann die Gleichungen

$$(59) \qquad \frac{\partial \, p^\varrho \, J \sqrt{-g}}{\partial \, x^\varrho} = 0$$

und

$$(60) \qquad 2 \, \breve{\varphi}^i \, D_\tau \, \varphi_i + \breve{\varphi}^i \cdot \varphi_i \, \mathrm{div} \, p = 0.$$

Aus $J = 0$ folgt, daß φ_i ein Nullvektor ist, daher sieht man nach (51) und (55a), daß das Verschwinden von J notwendig und hinreichend für die Wegtransformierbarkeit des Sprungvektors φ_i ist. Wir definieren daher mit Hilfe dieser Größe die elektrische Sprungenergie.

Es folgt auch hier allein aus (59) bzw. (56) die Strahleneigenschaft der geodätischen Nullinien.

---

[18]) Dieser Fall ist z. B. verwirklicht im Falle der speziellen Relativitätstheorie.

Wegen $(\varphi, p) = 0$ können wir bis auf einen wegtransformierbaren Summanden setzen:

$$(61) \qquad \varphi_i = \sqrt{J}\,(e^{i\chi}\omega_i + \bar{e}^{i\chi}\overline{\omega}_i).$$

J ist dann durch (59) festgelegt. Um eine Differentialgleichung für χ zu bekommen, werden wir in (60) für $\breve{\varphi}_i$ einen zu φ_i orthogonalen Vektor benutzen. Wir setzen daher

$$(62) \qquad \breve{\varphi}_i = \frac{1}{i}\,(e^{i\chi}\omega_i - \bar{e}^{i\chi}\overline{\omega}_i)$$

und erhalten aus (60) wegen (39):

$$(63) \qquad \frac{d\chi}{d\tau} = 0; \quad \chi = \text{const.}$$

Zur Behandlung des allgemeinen Falles nicht verschwindender Kopplung setzen wir in den Gleichungen (53a), (53b), (54a) und (54b):

$$(64) \qquad \eta_{ik} = \pi_i \pi_k' + \pi_k \pi_i',$$

$$(65) \qquad \breve{\vartheta}_{ik} = \pi_i \pi_k - \pi_i' \pi_k'.$$

Für φ_i und $\breve{\varphi}_i$ benutzen wir (61) und (62) und setzen für C_i wegen (57):

$$(66) \qquad C_i = R\,(e^{ic}\omega_i + \bar{e}^{ic}\overline{\omega}_i) + \mu\,p_i$$

mit

$$(67) \qquad R^2 = -\,C_i C^i; \quad e^{2ic} = \frac{(\overline{\omega}\,C)}{(\omega\,C)}$$

und erhalten mit

$$(68) \qquad \delta = 2\gamma - \chi - c$$

unter Benutzung von (22) folgende vier Bestimmungsgleichungen für E, J, γ und χ:

$$(69) \qquad \frac{dE}{d\tau} + E\,\mathrm{div}\,p = 4\,k\,\sqrt{J}\,\sqrt{E}\,\frac{1}{\sqrt{2}}\cdot R\sin\delta,$$

$$(70) \qquad \frac{dJ}{d\tau} + J\,\mathrm{div}\,p = -\,\sqrt{J}\,\frac{\sqrt{E}}{\sqrt{2}}\cdot R\sin\delta,$$

$$(71) \qquad \sqrt{E}\,2\,\frac{d\gamma}{d\tau} = 2\,k\,\sqrt{2}\,\sqrt{J}\,R\cos\delta,$$

$$(72) \qquad \sqrt{J}\,\frac{d\chi}{d\tau} = \frac{1}{\sqrt{2}}\,\sqrt{E}\,R\cos\delta.$$

Durch Addition von (69) und (70) ergibt sich wieder der Erhaltungssatz (56) oder

$$(73) \qquad E + 4\,k\,J = e^{-\int \mathrm{div}\,p\,d\tau}\cdot\text{Const.}$$

Ferner bekommen wir aus (71) und (72):

$$(74) \qquad \frac{\dfrac{d\gamma}{d\tau}}{\dfrac{d\chi}{d\tau}} = 2\,\frac{J}{E}\cdot k.$$

Der Vektor φ und das Tensor-Zweibein π, π' drehen sich also immer gleichsinnig.

Setzen wir $u = \sqrt{\dfrac{E}{4\,k\,J}}$, so ergeben die Gleichungen (69) und (70) mit $\breve{R} = \sqrt{2\,k}\,R$:

$$(75) \qquad \frac{d\,u}{d\,\tau} = (1 + u^2) \cdot \breve{R}\sin\delta,$$

während die Gleichungen (71), (72) und (68) liefern:

$$(76) \qquad \frac{d\,\delta}{d\,\tau} = \left(\frac{1}{u} - u\right)\breve{R}\cos\delta - \frac{d\,c}{d\,\tau}.$$

Aus dieser Gleichung erhält man durch Multiplikation mit $\cos\delta$:

$$\frac{d\sin\delta}{d\,\tau} = \left(\frac{1}{u} - u\right)\breve{R}(1 - \sin^2\delta) - \frac{d\,c}{d\,\tau}\cos\delta.$$

Hierin setze ich aus (75) $\sin\delta$ ein und erhalte:

$$(77) \quad \left(\frac{u'}{\breve{R}(1 + u^2)}\right)' = \left(\frac{1}{u} - u\right)\breve{R}\left(1 - \frac{u'^2}{\breve{R}^2(1 + u^2)}\right) - c'\sqrt{1 - \frac{u'^2}{\widetilde{R}^2(1 + u^2)}}$$

(der Strich bedeutet Differentiation nach τ). Diese Differentialgleichung für die Größe u, die im Falle fehlender Kopplung konstant bleibt, beschreibt den Austausch zwischen elektrischer und Gravitations-Sprungenergie. Im Falle, daß c konstant ist, können wir leicht die Integration durchführen, solange $\breve{R} \neq 0$, also wirklich Kopplung vorhanden ist. Wir setzen:

$$(78) \qquad dl = \breve{R}\,d\tau; \qquad l = \int \breve{R}\,d\tau$$

und

$$(79) \qquad u = \sqrt{\frac{1 - v}{1 + v}}; \qquad v = \frac{1 - u^2}{1 + u^2}$$

und erhalten aus (77):

$$(80\,\mathrm{a}) \qquad \frac{d^2 v}{d\,l^2} + 4\,v = 0$$

mit der allgemeinen Lösung

$$(80\,\mathrm{a}) \qquad v = V \cdot \cos(2\,l + \text{Const}) = V\cos\left(2\int \breve{R}\,d\tau\right) \quad (|V| \leqq 1!).$$

Mit Hilfe von (75) und (79) erhalten wir dann für δ und u:

$$(81) \qquad \sin\delta = \frac{V\sin\left(2\int \breve{R}\,d\tau\right)}{\sqrt{1 - V^2\cos^2\left(2\int \breve{R}\,d\tau\right)}}; \qquad u = \sqrt{\frac{1 - V\cos\left(2\int \breve{R}\,d\tau\right)}{1 + V\cos\left(2\int \breve{R}\,d\tau\right)}}.$$

Wir haben also einen Austausch zwischen elektrischer und Gravitationsenergie. Ist speziell $R = \text{const}$, so ist die Änderung periodisch mit einer Frequenz proportional der Kopplungsgröße R.

Von besonderem Interesse dürften die beiden singulären Lösungen sein, die man für $V = 0$ und $V = 1$ erhält. Im Falle $V = 0$ ist

$$(82) \qquad \sin \delta = 0; \quad u = 1.$$

Während wir für $V = 1$ bekommen:

$$(83) \qquad \cos \delta = 0; \quad u = \mathrm{tg} \left(\int \check{R} \, d\tau \right).$$

Im Falle (82) sind die „Energiegleichungen" (69), (70) entkoppelt, d. h. elektrische und Gravitationsenergie bleiben jede für sich erhalten. Im Falle (83) sind die Gleichungen (71), (72) für die Polarisationsparameter voneinander unabhängig; γ und χ sind konstant.

Hängt der Parameter c von τ ab, so sind durch (82), (83) nur noch singuläre Stellen von möglichen Lösungen charakterisiert. In der Umgebung dieser Stellen ändern sich aber im Falle (82) u und im Falle (83) γ und χ nur von 2. Ordnung. Es gibt aber keine Lösung mehr mit konstantem u oder δ. Immerhin dürften die betreffenden Lösungen aber doch eine besonders große Stabilität besitzen. Möglicherweise kommt daher dem Fall (82) eine besondere physikalische Bedeutung zu.

Um uns ein Bild zu machen von der Bedeutung der einzelnen Parameter und Kopplungsgrößen, sowie von der Größenordnung etwaiger zu erwartender Effekte, führen wir in irgendeinem Punkte P der Sprungfläche ein 4-Bein aus lauter zueinander orthogonalen Koordinatenvektoren ein derart, daß in P gilt:

$$(84) \qquad \begin{aligned} g_{ik} = g^{ik} &= \begin{cases} 0 & \text{für } i \neq k \ (i, k = 1, 2, 3) \\ -1 & \text{,,} \ \ i = k \ (i, k = 1, 2, 3) \end{cases} \\ g_{0i} = g^{0i} &= 0 \ (i = 1, 2, 3) \\ g_{00} = g^{00} &= +1. \end{aligned}$$

Die p-Richtung liege in der (01)-Ebene, so daß

$$(85) \qquad \begin{aligned} p_i &\equiv (+1, \, -1, \, 0, \, 0) \\ p^i &\equiv (+1, \, +1, \, 0, \, 0) \end{aligned}$$

zu setzen ist. Daher hat man

$$(85\,\mathrm{a}) \qquad d\tau = \frac{d\,x^i}{p^i} = d\,x^0 = d\,x^1.$$

Ferner ist wegen $(\omega, \bar{\omega}) = -\tfrac{1}{2}$:

$$(86) \qquad \begin{aligned} \omega_i &\equiv \left(0, \, 0, \, \frac{1}{2}, \, \frac{i}{2} \right), \\ \bar{\omega}_i &\equiv \left(0, \, 0, \, \frac{1}{2}, \, -\frac{i}{2} \right). \end{aligned}$$

Danach spalten wir auch den Vektor C_i in Raum und Zeit: Es ist

$$(87) \qquad C_0 = p^\varrho F_{\varrho 0} = (\mathfrak{p} \cdot \mathfrak{E})$$

($\mathfrak{p}$ ist der räumliche Anteil von p, d. h. der Normalenvektor der Wellenfront, $\mathfrak{E}$ der Vektor der elektrischen Feldstärke). Die räumlichen Koordinaten von C_i bilden den Vektor

$$(88) \qquad (C_1, C_2, C_3) \equiv (\mathfrak{p} \times \mathfrak{B}) + p_0 \cdot \mathfrak{E} = \mathfrak{C}$$

($\mathfrak{B}$ ist der Vektor der magnetischen Feldstärke). Da in unsere Rechnung C_i nur in der Form (ω, C), $(\overline{\omega}, C)$ eingeht, so folgt nach (86), (87) und (88), daß von der *elektrischen und magnetischen Feldstärke nur die zur Welle transversale Komponente wirksam ist.*

Um uns eine Vorstellung von der Bedeutung der Parameter c, γ, χ zu machen, greifen wir zurück auf die Gleichungen (66), (61) und (22). Danach können wir setzen:

$$(89) \qquad e^{ic} = \frac{(C, \overline{\omega})}{|(C, \overline{\omega})|}; \quad e^{i\chi} = \frac{(\cdot\varphi, \overline{\omega})}{|(\varphi, \overline{\omega})|}; \quad e^{i\gamma} = \frac{(\pi, \overline{\omega})}{|(\pi, \overline{\omega})|};$$

oder

$$e^{ic} = \frac{C_2 + i\,C_3}{\sqrt{C_2^2 + C_3^2}}.$$

Danach ist c der Winkel zwischen der in die 2, 3-Ebene fallenden Komponente von C und der x^2-Achse. Entsprechend sind auch χ bzw. γ die Winkel, die die Transversalkomponente des räumlichen Anteiles von φ bzw. π mit der x^2-Achse bilden. Konstanz dieser drei Parameter bedeutet, daß die entsprechenden Vektoren durch Parallelverschiebung längs des Strahles in sich übergehen.

Da in allen Formeln, von denen hier die Rede war, π_i, π_i' und φ_i nur in der Form (π, ω), $(\pi, \overline{\omega})$ usf. auftreten, so folgt, daß auch bei diesen drei Vektoren nur die Transversalkomponente physikalische Bedeutung besitzt. Da die inneren Produkte dieser Vektoren mit p überdies verschwinden, so folgt in unserem Koordinatensystem wegen (85):

$$(90) \qquad \pi_0 = -\,\pi_1; \quad \pi_0' = -\,\pi_1'; \quad \varphi_0 = -\,\varphi_1,$$

so daß durch Addition je eines Summanden $a \cdot p_i$ mit passend gewählten a, d. h. durch zweckmäßige Wahl des Koordinatensprunges in jedem Bezugssystem gleichzeitig[19]) alle drei Vektoren rein transversal gemacht werden können. Zur Berechnung von R erhalten wir in unserem Koordinatensystem nach (67), (87) und (88):

$$(91) \qquad R^2 = -\,C_i C^i = -\,(\mathfrak{p} \cdot \mathfrak{E})^2 + \mathfrak{C}^2 = (\mathfrak{E}_2 - \mathfrak{B}_3)^2 + (\mathfrak{E}_3 + \mathfrak{B}_2)^2.$$

Da die elektrische und magnetische Feldstärke im cgs-System von der Dimension $m^{\frac{1}{2}}\, t^{-1}\, l^{-\frac{1}{2}}$ ist, so müssen wir $\mathfrak{B} = \frac{1}{c}\,\mathfrak{B}'$ setzen, wenn $\mathfrak{B}'$ die Feldstärke in cgs-Einheiten mißt, entsprechend für $\mathfrak{E}$. Danach erhalten wir:

$$(92) \qquad \breve{R}\,d\tau = \sqrt{2\,k} \cdot R \cdot 2 \; d x^1 = 2{,}0 \cdot 10^{-23}\,[(\mathfrak{E}_2' - \mathfrak{B}_3')^2 + (\mathfrak{E}_3' + \mathfrak{B}_2')^2]\,d x^1.$$

---

[19]) Siehe hierzu Anmerkung [17]).

Da $\sqrt{k}$ die Dimension $l^{\frac{1}{2}} m^{-\frac{1}{2}}$ besitzt, so folgt, daß (92) dimensionslos ist, wenn $\mathfrak{B}'$ in Gauß und dx^1 in cm gemessen wird, wie es sein muß.

Da $\tilde{R}$ die Größenordnung der rechten Seite der Strahlengleichungen (75) und (76) angibt, so wird die Kopplungswirkung im allgemeinen sehr schwach sein. Eine merkliche Änderung der reinen Gravitations- bzw. elektrischen Sprungenergie ist daher nur für sehr starke transversale Felder oder für sehr lange Lichtwege zu erwarten. Der zweite Fall erscheint wichtig, da ja die magnetische Feldstärke der Trägerwelle der Unstetigkeiten vielleicht eine Kopplung herbeiführen kann.

Dieser Fall kann jedoch praktisch nicht eintreten, da für diejenigen elektromagnetischen Felder, die eine Lichtwelle mit sich führt, der Kopplungskoeffizient R verschwindet. Um das einzusehen, berechnen wir R^2 nach (91) aus denjenigen Feldkomponenten, die man aus den *Maxwellschen Gleichungen* für eine ebene Lichtwelle erhält unter Vernachlässigung der gravitierenden Eigenschaften der Lichtwelle. Das ist offenbar erlaubt in guter Näherung.

Nach der klassischen Theorie muß aber für die in Rede stehenden Transversalkomponenten einer ebenen Welle gelten:

$$\mathfrak{E}_2 = f(x^0 - x^1), \qquad \mathfrak{B}_2 = -g(x^0 - x^1),$$
$$\mathfrak{E}_3 = g(x^0 - x^1), \qquad \mathfrak{B}_3 = +f(x^0 - x^1),$$

wenn f und g beliebige Funktionen der Wellenphase $(x^0 - x^1)$ sind. Demnach ist $\mathfrak{E}_2 = \mathfrak{B}_3$ und $\mathfrak{E}_3 = -\mathfrak{B}_2$, so daß nach (91) in der Tat R^2 verschwindet.

Es dürften daher merkliche Kopplungswirkungen wohl nur in unmittelbarer Nähe von geladenen Elementarteilchen der Materie zu erwarten sein, so daß vielleicht nach Hinzunahme neuer physikalischer Gesichtspunkte gewisse Austauschprozesse zwischen Licht und Materie mit den im Vorangehenden entwickelten Methoden beschrieben werden können.

III.

Sprünge 1. Ordnung.

8.

Zur Behandlung des angekündigten besonders interessanten Falles der Sprünge 1. Ordnung legen wir gleich ganz allgemein das Simultan-System (49), (52) zugrunde und setzen demgemäß voraus, daß an der Sprungfläche die g_{ik} und Φ_i stetig sind, während deren erste Ableitungen die Sprünge

$$\left[\frac{\partial g_{ik}}{\partial z}\right] = \varepsilon_{ik}; \qquad \left[\frac{\partial \Phi_i}{\partial z}\right] = \chi_i$$

machen sollen.

Die Rechnung wird sich dann in drei Punkten von dem Vorangehenden unterscheiden: 1. können wir nicht mehr ohne weiteres in geodätischen Koordinaten rechnen; 2. können wir nicht mehr voraussetzen, daß die Größen b_i (ε_{ik}) gemäß (12b) verschwinden; 3. sind im Bereich der Sprünge 1. Ordnung nicht wegtransformierbare Sprungtensoren auf jeder beliebigen Fläche, die also nicht charakteristisch zu sein braucht, möglich.

Die Theorie der Unstetigkeiten auf nicht charakteristischen Flächen ist bereits von Lanczos[20]) durchgeführt. Während dort das Problem der Ausbreitung weitgehend unbestimmt bleibt, lassen sich im charakteristischen Falle, d. h. bei Ausbreitung mit Lichtgeschwindigkeit, auch die Sprunggrößen 1. Ordnung bis auf Transformationen eindeutig bestimmen. Ist insbesondere in einem Punkte P einer Sprungfläche $z = 0$ der „Normalenvektor“ $\dfrac{\partial z}{\partial x^i} = p_i$ ein Nullvektor, und sind in P die Sprunggrößen nicht wegtransformierbar, so haben wir längs der ganzen durch P in Richtung $\dfrac{\partial z}{\partial x^i} = p_i$ gehenden Nullinie eine nicht wegtransformierbare Erregung, die also genau wie im Falle der Sprünge höherer Ordnung nicht mehr aus der betreffenden charakteristischen Fläche heraus kann. Daraus folgt auch, daß eine nicht charakteristische Singularität, die sich also langsamer als mit Lichtgeschwindigkeit bewegt, niemals Lichtgeschwindigkeit erreichen kann. Es sei an dieser Stelle ohne Beweis mitgeteilt, daß man die Sprungbedingungen für Sprünge 1. Ordnung auch direkt aus dem dazugehörigen Variationsprinzip herleiten kann. In diesem Falle erhält man jedoch etwas abweichende Ergebnisse, und zwar schärfere Bedingungen. Insbesondere ergibt sich das Verschwinden der fünf b-Größen, sowie die Unmöglichkeit von nichtwegtransformierbaren Sprüngen 1. Ordnung auf nicht charakteristischen Flächen.

Es wäre jedoch verfehlt, dieses Ergebnis unmittelbar auf die Gravitationsgleichungen zu übertragen. Beispielsweise kann man doch beliebige Sprünge der ersten Ableitungen auf nicht charakteristischen Flächen durch Zusammensetzen zweier passender Lösungen erzielen. Die Differentialgleichungen und das Variationsproblem sind eben, was Unstetigkeiten anlangt, nicht völlig äquivalent.

Zur Durchführung der Rechnung bemerken wir zunächst, daß wir trotz der Unstetigkeit der Γ^l_{ik} an der Unstetigkeitsfläche in geodätischen Koordinaten rechnen können.

---

[20]) Phys. Zeitschr. 21 (1922), S. 540—541.

Unter Benutzung der einfachen Umformung:

$$(93) \qquad uv - u'v' = [uv] = \tfrac{1}{2}(u + u')(v - v') + \tfrac{1}{2}(v + v')(u - u')$$
$$= \overline{u}\,[v] + \dot{v}\,[u]$$

erhalten wir nämlich für den Sprung des verjüngten Riemannschen Tensors, den wir in der Form geschrieben denken:

$$R_{ik} = \frac{1}{2}\,g^{\alpha\beta}\left(\frac{\partial^2 g_{ik}}{\partial x^\alpha \partial x^\beta} + \frac{\partial^2 g_{\alpha\beta}}{\partial x^i \partial x^k} - \frac{\partial^2 g_{i\alpha}}{\partial x^k \partial x^\beta} - \frac{\partial^2 g_{k\alpha}}{\partial x^i \partial x^\beta}\right)$$
$$+ g^{\alpha\beta}(\Gamma^\gamma_{\alpha\beta}\Gamma_{ik,\gamma} + \Gamma^\gamma_{\alpha i}\Gamma_{\beta k,\gamma})$$

die folgende Schreibweise:

$$(94)\quad [R_{ik}] = \frac{1}{2}\,g^{\alpha\beta}\left(\left[\frac{\partial^2 g_{ik}}{\partial x^\alpha \partial x^\beta}\right] + \left[\frac{\partial^2 g_{\alpha\beta}}{\partial x^i \partial x^\beta}\right] - \left[\frac{\partial^2 g_{\alpha i}}{\partial x^k \partial x^\beta}\right] - \left[\frac{\partial^2 g_{\alpha k}}{\partial x^i \partial x^\beta}\right]\right)$$
$$+ g^{\alpha\beta}(\overline{\Gamma}^\gamma_{\alpha\beta}[\Gamma_{ik,\gamma}] + [\Gamma^\gamma_{\alpha\beta}]\cdot\overline{\Gamma}_{ik,\gamma} + \overline{\Gamma}^\gamma_{\alpha i}[\Gamma_{\beta k,\gamma}] + [\Gamma^\gamma_{\alpha i}]\cdot\overline{\Gamma}_{\beta k,\gamma}),$$

wobei der Mittelwert der Christoffelsymbole von beiden Seiten der Unstetigkeitsfläche

$$(94a)\qquad \tfrac{1}{2}(\Gamma'_{ik,l} + \Gamma''_{ik,l}) = \overline{\Gamma}_{ik,l}$$

gesetzt ist. Im Sprung des Riemannschen Tensors treten jetzt außer den Sprüngen nur die $\overline{\Gamma}_{ik,l}$ auf, aber nicht mehr die $\Gamma'_{ik,l}$ oder $\Gamma''_{ik,l}$. Daher wird es sich empfehlen, in einem Aufpunkt P der Sprungfläche ein geodätisches Koordinatensystem einzuführen, in welchem die $\overline{\Gamma}_{ik,l}$ verschwinden. Ein solches existiert in der Tat, denn es ist möglich zu schreiben:

$$\left(\frac{\partial g_{ik}}{\partial x^l}\right)' + \left(\frac{\partial g_{ik}}{\partial x^l}\right)'' = \frac{\partial(g'_{ik} + g''_{ik})}{\partial x^l}.{}^{21)}$$

Ähnlich gehen wir vor bei der Sprungbildung der Maxwell-Lorentzschen Gleichungen. Es ist:

$$(95)\quad \frac{1}{\sqrt{-g}}\left[\frac{\partial\sqrt{-g}\,F^{\alpha i}}{\partial x^\alpha}\right] = g^{\alpha\beta}g^{\gamma i}\left[\frac{\partial F_{\beta\gamma}}{\partial x^\alpha}\right] + \frac{1}{\sqrt{-g}}\left[\frac{\partial\sqrt{-g}\,g^{\alpha\beta}g^{\gamma i}}{\partial x^\alpha}\right]\overline{F}_{\beta\gamma}$$
$$+ \frac{1}{\sqrt{-g}}\,\overline{\frac{\partial(\sqrt{-g}\,g^{\alpha\beta}g^{\gamma i})}{\partial x^\alpha}}\,[F_{\beta\gamma}] = 0.$$

Dabei ist wieder $\overline{F}_{ik}$ für die Mittelwerte $\tfrac{1}{2}(F'_{ik} + F''_{ik})$ gesetzt. In dem benutzten geodätischen Koordinatensystem verschwindet der letzte Term von (95), so daß wir nunmehr sowohl in (94), wie in (95) die Sprungbildung

---

[21] Dazu hat man sich nur von beiden Seiten der Sprungfläche g_{ik} stetig differenzierbar über die Fläche hinaus fortgesetzt zu denken. Die derart fortgesetzten Funktionen sind an der Sprungfläche g'_{ik} und g''_{ik}.

in Analogie zur Theorie der Sprünge 2. Ordnung durchführen können. Demgemäß erhalten wir aus (94) mit Hilfe von (28) analog zu (30):

$$(96) \quad 2\,[R_{ik}] = p^\varrho\,p_\varrho\,\eta_{ik} + \frac{d\,p^\varrho\,\varepsilon_{ik}}{d\,x^\varrho} + p^\varrho\,\frac{d\,\varepsilon_{ik}}{d\,x^\varrho} - p_i\,b_k\,(\eta) - p_k\,b_i\,(\eta),$$

$$- \frac{d\,b_k\,(\varepsilon)}{d\,x^i} - \frac{d\,b_i\,(\varepsilon)}{d\,x^k} - p_i\,r_k - p_k\,r_i - p_i\,s_k - p_k\,s_i.$$

Dabei ist gesetzt

$$b_i\,(\eta) = p^\alpha\,\eta_{\alpha i} - \frac{1}{2}\,p_i\,\eta,$$

$$b_i\,(\varepsilon) = p^\alpha\,\varepsilon_{\alpha i} - \frac{1}{2}\,p_i\,\varepsilon,$$

$$r_i = g^{\alpha\beta}\frac{d\,\varepsilon_{\beta i}}{d\,x^\alpha} - \frac{1}{2}\,\frac{d\,\varepsilon}{d\,x^i},$$

$$s_i = \varepsilon_{i\,\alpha}\frac{\partial\,p^\alpha}{\partial\,z} - \frac{1}{2}\,\eta\,\frac{\partial\,p_i}{\partial\,z},$$

oder mit

$$p_\varrho\,p^\varrho = H = 0 \quad \text{und} \quad r_i + s_i + b_i\,(\eta) = w_i$$

erhalten wir

$$(96\,\mathrm{a}) \quad 2\,[R_{ik}] = \frac{d\,p^\varrho\,\varepsilon_{ik}}{d\,x^\varrho} + p^\varrho\,\frac{d\,\varepsilon_{ik}}{d\,x^\varrho} - \frac{d\,b_k\,(\varepsilon)}{d\,x^i} - \frac{d\,b_i\,(\varepsilon)}{d\,x^k} - p_i\,w_k - p_k\,w_i.$$

Zur Berechnung von $[S_{ik}]$ setzen wir ganz analog der Behandlung der Sprünge höherer Ordnung:

$$(97) \quad \overline{C}_i = p^\lambda\,\overline{F}_{\lambda i} \quad (\text{mit } \overline{C}_i\,p^i = 0), \quad \text{außerdem } D_i = \chi_\lambda\,\overline{F}^{\lambda}{}_{\cdot\,i}$$

und erhalten

$$(98) \quad -[S_{ik}] = \chi_i\,C_k + \chi_k\,C_i - p_i\,D_k - p_k\,D_i - g_{ik}\,\chi_\varrho\,\overline{C}^\varrho.$$

Aus den Relationen (95), (96a), (98), sowie den Gravitationsgleichungen

$$(98\,\mathrm{a}) \quad [R_{ik}] = -\,k\,[S_{ik}]$$

sind nun die Sprünge 2. Ordnung zu eliminieren. Dazu werden wir wieder mit einem Tensor $\check{\vartheta}^{ik}$ überschieben, der (31) erfüllt, entsprechend für (95).

Gemäß den Feststellungen, die wir bei den Sprüngen 2. Ordnung machten, liegt es nahe, zunächst zur Gewinnung von Relationen, die nur die $b\,(\varepsilon_{ik})$ enthalten, mit den trivialen Lösungen (34) von (31) zu überschieben:

$$2\,[R_{ik}]\,(a^i\,p^k + p^i\,a^k - g^{ik}\,(a,p)) = 2\,a^i\Big(2\,p^k\frac{d}{d\,\tau}\,\varepsilon_{ik} - p_i\frac{d}{d\,\tau}\,\varepsilon\Big) + 2\,\mathrm{div}\,p\cdot(a,b)$$

$$- 2\,a^k\frac{d\,b_k}{d\,\tau} - 2\,p^k\,a^\varrho\frac{d\,b_k}{d\,x^\varrho} + 2\,(a,p)\frac{d\,b^k}{d\,x^k}$$

$$= -\,2\,k\,[S_{ik}]\,(a^i\,p^k + a^k\,p^i - g^{ik}\,(a,p))$$

$$= 4\,(\chi,p)\cdot(a\,\overline{C}).$$

Setzen wir noch

$$(99) \qquad (\chi, p) = b(\chi) = b,$$

so erhalten wir in der Tat:

$$(100) \qquad 2\,a^\varrho \frac{d}{d\tau}\,b_\varrho + 2\operatorname{div} p\,a^\varrho b_\varrho - 2\,p^k a^\varrho \frac{d\,b_k}{d\,x^\varrho} + (a, p)\,2\frac{d\,b^\varrho}{d\,x^\varrho} = \cdot 4\,k\,b \cdot (a, \bar{C}).$$

Hierin stecken vier Gleichungen, da wir für a_i nacheinander vier linear unabhängige passend zu wählende Vektoren einzusetzen haben. Für $a_i = p_i$ erhalten wir zunächst:

$$(101) \qquad b^\varrho p_\varrho \cdot \operatorname{div} p = 0.$$

Falls also auf der Wellenfläche $z = 0$

$$\operatorname{div} p = \Box\, z \neq 0$$

ist, was wir zunächst voraussetzen (die Bedeutung dieser Beziehung werden wir später diskutieren), so folgt:

$$(102) \qquad b^\varrho p_\varrho = 0.$$

Ferner setzen wir $a_i = \omega_i$ und erhalten aus (100):

$$(103) \qquad 2\,\omega^\varrho \frac{d}{d\tau}\,b_\varrho + 2\operatorname{div} p \cdot \omega^\varrho b_\varrho - 2\,p^\alpha \omega^\varrho \frac{d\,b_\alpha}{d\,x^\varrho} = 4\,k\,b\,(\omega, \bar{C}).$$

Das dritte Glied verschwindet, da man durch Differentiation in der Fläche aus einem in der Fläche liegenden Vektor immer wieder einen in der Fläche liegenden Vektor erhält. Daher bekommen wir:

$$(104\,\mathrm{a}) \qquad \frac{d}{d\tau}\,(\omega, b) + (\omega, b)\operatorname{div} p = 2\,k\,b\,(\omega, \bar{C}),$$

entsprechend

$$(104\,\mathrm{b}) \qquad \frac{d}{d\tau}\,(\bar{\omega}, b) + (\bar{\omega}, b)\operatorname{div} p = 2\,k\,b\,(\bar{\omega}, \bar{C}),$$

oder etwas anders geschrieben:

$$(105\,\mathrm{a}) \qquad \frac{1}{\sqrt{-g}}\,\frac{\partial\sqrt{-g}\,(\omega, b)\,p^\varrho}{\partial\,x^\varrho} = 2\,k\,b \cdot (\omega, \bar{C}),$$

$$(105\,\mathrm{b}) \qquad \frac{1}{\sqrt{-g}}\,\frac{\partial\sqrt{-g}\,(\bar{\omega}, b)\,p^\varrho}{\partial\,x^\varrho} = 2\,k\,b\,(\bar{\omega}, \bar{C}).$$

Um die vierte aus (101) zu gewinnende Gleichung zu bekommen, definieren wir ein Vektorfeld f_i durch die vier Bedingungen:

$$(106) \qquad \begin{aligned} (\omega, f) &= 0, & (\bar{\omega}, f) &= 0, \\ (p, f) &= 1, & (f, f) &= 1. \end{aligned}$$

Dadurch ist f_i eindeutig bestimmt. Durch Überschiebung des Vektors $D_\tau f_i$ nacheinander mit p^i, f^i, ω^i und $\bar{\omega}^i$ folgt dann wegen $D_\tau p^i = D_\tau \omega^i = D_\tau \bar{\omega}^i = 0$ und (106):

$$(107) \qquad D_\tau f_i = 0.$$

Wir setzen dann in (101) $a_i = f_i$ und erhalten:

$$f^i \frac{d}{d\tau} b_i + \operatorname{div} p \, (f^i b_i) - p^\alpha f^\varrho \frac{d b_\alpha}{d x^\varrho} + \frac{d b^\varrho}{d x^\varrho} = 2\, k \cdot b \cdot (f, \overline{C}).$$

Da die Differentiationen $\dfrac{d}{d x^\varrho}$ alle in der Fläche liegen, so gilt das gleiche auch

für die Differentiation $f^\varrho \dfrac{d}{d x^\varrho}$, so daß das dritte Glied wie oben verschwindet.
Nach (107) erhalten wir daher:

$$(108) \qquad \operatorname{div}_i \left[(f, b) \, p^i + b^i \right] = 2\, k\, b \, (f, \overline{C}).$$

Setzen wir gemäß (102) $b_i = \alpha \omega_i + \bar\alpha \overline{\omega}_i + \gamma p_i$, so erhalten wir durch Überschiebung mit ω^i, $\overline{\omega}^i$, f^i wegen $(\omega, \overline{\omega}) = -\tfrac{1}{2}$:

$$\alpha = -2\, (\overline{\omega} b); \quad \bar\alpha = -2\, (\omega, b); \quad \gamma = (f, b).$$

Da $\alpha, \bar\alpha$ bekannt sind, haben wir somit in (108) eine Differentialgleichung zwischen γ und $b \, (\chi)$ gewonnen, die im *Sonderfall* $b_i = \gamma p_i$ und $b = 0$ die Form annimmt:

$$(109) \qquad 2\, \frac{1}{\sqrt{-g}} \, \frac{\partial \sqrt{-g} \, (f^\varrho \, b_\varrho) \, p^i}{\partial x^i} = 0.$$

Analog behandeln wir die Maxwellschen Gleichungen (95). Wir erhalten durch einfache Umformung analog Gleichung (54):

$$(110) \; H \, \varphi^k - p^k \, (\varphi^\varrho \, p_\varrho) + 2\, \frac{d}{d\tau} \chi^k + \chi^k \operatorname{div} p - g^{\varrho k} \frac{d b}{d x^\varrho} - p^k \frac{d \chi^\varrho}{d x^\varrho} = b_\alpha \, \overline{F}^{\alpha k} + \overline{C}_\alpha \cdot \eta^{\alpha k}.$$

Auch hierbei liefert die triviale Überschiebung mit p^i anstatt einer Identität eine Bestimmungsgleichung für den Skalar $\chi^\alpha p_\alpha = b$:

$$\frac{d}{d\tau} b + b \operatorname{div} p = - b_\alpha \overline{C}^\alpha + (\eta_{k\alpha} p^k) \cdot \overline{C}^\alpha = + \overline{C}^\alpha p_\alpha \cdot \frac{1}{2} \varepsilon = 0,$$

daher

$$(110a) \qquad \frac{1}{\sqrt{-g}} \, \frac{\partial \sqrt{-g} \, b \, p^\varrho}{\partial x^\varrho} = 0.$$

Damit ist die Bestimmung der fünf b-Größen längs der Nullinien für den Fall $\operatorname{div} p \neq 0$ erledigt. Insbesondere sind diese Größen dann durch ihre Anfangswerte eindeutig bestimmt. Sie verschwinden längs des ganzen Strahles, wenn die Anfangswerte verschwinden.

Anders im Falle

$$(111) \qquad \operatorname{div} p = \square \, z = 0.$$

Jetzt sind die b_i längs der Nullinie gemäß (101) durchaus nicht mehr eindeutig bestimmt. Bei der Komponentenzerlegung

$$(112) \qquad b_i = \mu f_i + \alpha \omega_i + \bar\alpha \overline{\omega}_i + \gamma p_i$$

ergibt sich vielmehr, daß der Skalar $\mu(\tau)$ vollkommen unbestimmt bleibt. Gibt man $\mu(\tau)$ irgendwie vor, so lassen sich α, $\bar{\alpha}$, γ offenbar stets so bestimmen, daß die Gleichungen (100) befriedigt werden. Nach Vorgabe von $\mu(\tau)$ sind diese drei Skalare durch ihre Anfangswerte bestimmt.

Zur Diskussion der Gleichung (111) denken wir wieder den Vektor d^i mit der Zeitachse zusammenfallend; wegen (1) und der Gradienteneigenschaft von z ist dann

$$z = x^0 - \varphi(x^1, x^2, x^3),$$

so daß sich im Falle einer pseudoeuklidischen Metrik,

$$g_{ik} = \begin{cases} +1 -1 -1 -1 & \text{für } i = k, \\ 0 & \text{,, } i \neq k, \end{cases}$$

die Gleichung (111) in der Form schreibt:

$$(111\,\mathrm{a}) \qquad \varphi_{x^1\,x^1} + \varphi_{x^2\,x^2} + \varphi_{x^3\,x^3} = 0.$$

Außerdem muß φ der charakteristischen Differentialgleichung $H = 0$ genügen, d. h. es muß sein

$$(113) \qquad (\varphi_{x^1})^2 + (\varphi_{x^2})^2 + (\varphi_{x^3})^2 = 1.$$

Wir behaupten dann: Die Äquipotentialflächen $\varphi = $ const einer gemeinsamen Lösung $\varphi(x^1, x^2, x^3)$ von (111 a) und (113) sind notwendig Ebenen.

Zum Beweise denken wir uns eine derartige Lösungsfläche $\varphi = c$ gegeben. Wir können dann leicht die ganze Schar der übrigen zur Lösung φ gehörigen Flächen $\varphi = $ const konstruieren. Dazu errichten wir in jedem Punkte von $\varphi = c$ das Lot und tragen auf allen diesen Senkrechten die gleiche Strecke h ab. Der geometrische Ort der Endpunkte aller dieser Lote von der Länge h ist dann nach (113) eine der gesuchten Flächen $\varphi = $ const. Jede der so gewonnenen Flächen besitzt offenbar mit $\varphi = c$ gemeinsame orthogonale Trajektorien.

Ich betrachte nun ein beliebiges einfach zusammenhängendes Stück Q_1 der Fläche $\varphi = c$ und ein dreidimensionales Gebiet G, das begrenzt wird von Q_1 und denjenigen orthogonalen Trajektorien zu $\varphi = c$, die durch die Randkurve von Q_1 gehen, sowie von dem Flächenstück Q_2 einer zweiten Fläche $\varphi = c_1$ unserer Schar, das durch die genannten Trajektorien ausgeschnitten wird.

Durch Integration von (111 a) über G erhalten wir dann:

$$\iiint\limits_{G} \operatorname{div}(\operatorname{grad}\varphi)\,d\tau = 0$$

und nach Anwendung des Gaußschen Satzes:

$$\iint\limits_{O} (\operatorname{grad}\varphi \cdot \mathfrak{n})\,d\omega = 0$$

($\mathfrak{n}$ ist der Normalenvektor zur Oberfläche 0 von der Länge 1). Von diesem Oberflächenintegral bleiben offenbar nur die über Q_1 und Q_2 erstreckten Anteile übrig. Da dort $(\mathfrak{n} \cdot \operatorname{grad} \varphi) = 1$ ist, so folgt:

$$(113\,\text{a}) \qquad\qquad Q_1 = Q_2.$$

Wählen wir nun für Q_1 ein sehr kleines Flächenstück, das von je zwei Linien begrenzt wird, die in den Hauptkrümmungsrichtungen verlaufen, so gilt automatisch das gleiche für Q_2. Beide Flächenstücke besitzen offenbar gemeinsame Krümmungsmittelpunkte, und es läßt sich das Verhältnis der Flächeninhalte leicht ausdrücken durch die Hauptkrümmungsradien r_1 und r_2 von Q_1:

$$\frac{Q_1}{Q_2} = \frac{r_1 \cdot r_2}{(r_1 + h)\,(r_2 + h)}.$$

Diese Gleichung steht zur Gleichung (113a) im Widerspruch, der nur wegfällt, wenn Q_1 und daher auch Q_2 als eben anzusehen sind, womit der Beweis für den Fall einer euklidischen Metrik dafür erbracht ist, daß Wellenfronten, deren Strahlen nicht divergieren, notwendig eben sind.

In Übertragung dieses Sprachgebrauches nennen wir die (111) genügenden charakteristischen Sprungflächen auch dann noch „ebene Wellenfronten", wenn eine beliebige Riemannsche Metrik vorliegt.

9.

Bei der weiteren Durchführung beschränken wir uns auf den Fall nichtebener Wellenfronten, d. h. div. $p \neq 0$. Verschwinden zunächst die Anfangswerte der fünf b-Größen, so haben wir, da dann diese Größen längs des ganzen Strahles verschwinden, genaue Analogie zur Theorie der Sprünge höherer Ordnung und alle dort gewonnenen Beziehungen lassen sich ohne weiteres übertragen.

Ehe wir den allgemeinen Fall nicht verschwindender b-Größen behandeln, wollen wir noch einige geometrische Überlegungen über die b-Größen einschieben.

Wir betrachten die Gleichungen für die invariante Differentiation eines in der Sprungfläche liegenden Vektors v_i längs einer Nullinie:

$$(114) \qquad D_\tau v_i = p^\alpha\, \frac{\partial v_i}{\partial x^\alpha} + \Gamma_{i\,\alpha}^{\beta}\, v_\beta\, p^\alpha = V_i.$$

Fordern wir dann, daß das Ergebnis der Parallelverschiebung des Vektors v_i längs der Nullinie unabhängig davon sein soll, ob wir die $\Gamma_{i\,k}^{l}$-Komponenten der einen oder der anderen Seite der Sprungfläche zur Definition der Parallelverschiebung benutzen, so folgt:

$$[\Gamma_{i\,\alpha,\,\gamma}]\, v^\gamma\, p^\alpha = 0,$$

d. h.

$$(114\,\text{a}) \qquad\qquad v^\beta\,(b_\beta\, p_i - b_i\, p_\beta) = 0.$$

Setzt man für v_i den Vektor p_i, so folgt

$$(102) \qquad\qquad (b, p) = 0.$$

D. h. (102) ist die notwendige und hinreichende Bedingung dafür, daß die Differentialgleichung für die Strahlrichtung p_i unabhängig ist von der Unstetigkeit der Γ^l_{ik}. Setzt man danach $v_i = \omega_i$ bzw. $v_i = \overline{\omega}_i$, so folgt

$$(115) \qquad\qquad (b, \omega) = 0 \quad \text{bzw.} \quad (b, \overline{\omega}) = 0.$$

D. h. wenn die angegebene Unabhängigkeit für die Parallelverschiebung eines jeden in der Sprungfläche liegenden Vektors v_i längs einer Nullinie gelten soll, so ist b_i proportional p_i. In diesem Falle sind dann die Gleichungen (114a) für einen beliebigen *nicht* in der Fläche liegenden Vektor v_i automatisch mit erfüllt.

Ist umgekehrt $(b, p) \neq 0$, so wird die Differentialgleichung der geodätischen Nullinien auf der Sprungfläche unbestimmt. Dies ist nur im Falle der ebenen Sprungflächen möglich.

Andererseits folgt natürlich, daß auf **Grund** der Gleichungen (102) und (115), d. h. $b_i = \lambda p_i$ sowie $b = 0$[22]) die Bestimmungsgleichungen (114) unabhängig davon sind, ob wir der Bestimmung die Γ^l_{ik}-Größen der einen oder anderen Seite der Sprungfläche zugrunde legen. Es dürfte daher dem Falle

$$(116) \qquad\qquad b_i = \lambda p_i; \quad b = 0$$

besondere Bedeutung zukommen und nicht allein dem Falle $b_i = 0$, da sich durch ähnliche Überlegungen, wie sie eben angestellt wurden, nicht auch $\lambda = 0$ schließen läßt. In der Tat werden wir sehen, daß ein Erhaltungssatz für eine passend zu definierende Gesamtenergie auch in diesem Falle gültig bleibt. Diesen Fall werden wir daher zunächst gesondert behandeln[23]).

Wir denken also zunächst die Gleichung (116) für die Anfangswerte, und daher längs des ganzen Strahles erfüllt und haben dann:

$$(117) \quad \varepsilon_{ik} p^k - \tfrac{1}{2} g_{ik} \cdot \varepsilon \cdot p^k = \lambda p_i; \quad \delta_{ik} p^k = \lambda p_i \ (\text{mit } \delta_{ik} = \varepsilon_{ik} - \tfrac{1}{2} g_{ik} \cdot \varepsilon).$$

Unter Benutzung des dreidimensionalen projektiven Bildraumes können wir daraus schließen, daß die Flächen 2. Ordnung $g_{ik}\, \xi^i \xi^k$, $\varepsilon_{ik}\, \xi^i \xi^k$ und $\delta_{ik}\, \xi^i \xi^k$ in p_i eine gemeinsame Tangentialebene besitzen (vgl. Gleichung (16) ff.).

---

[22]) Man überzeugt sich leicht, daß dies auch wirklich eine Lösung von (101), (106), (107), (108) und (110a) ist für passende Anfangswerte und passendes $\lambda(\tau)$.

[23]) Die Bedingung $b = 0$ besagt übrigens, daß der häufig vorgekommene Kopplungsvektor $C_i = p^\alpha F_{\alpha i}$ von der Unstetigkeit der Feldkomponenten unabhängig ist. Ferner erhält man eine Relation zwischen den b-Größen, wenn man die Lorentzsche Ergänzungsgleichung div Φ hinzunimmt. Sie ergibt durch Sprungbildung:
$- b_\alpha \Phi^\alpha + b = 0.$

Seien π, π' wieder die Erzeugenden von ε_{ik} in dieser Tangentialebene, so können wir setzen:

$$(117\,\mathrm{a}) \qquad \varepsilon_{ik} = \pi_i\,\pi_k' + \pi_k\,\pi_i' + a_i\,p_k + a_k\,p_i.$$

Daher ist nach (117) wegen $(\pi, p) = (\pi' p) = 0$:

$$\delta_{ik} = \varepsilon_{ik} - g_{ik}\left((\pi, \pi') + (a, p)\right)$$

und

$$\delta_{ik}p^k = -\,p_i\,(\pi, \pi'),$$

also wegen (117):

$$(118) \qquad \lambda = -\,(\pi, \pi').$$

Leider läßt sich jetzt nicht mehr schließen, daß π, π' reell sind. Vielmehr müssen wir zwei Fälle unterscheiden:

$$(119\,\mathrm{a}) \qquad (\pi\,\pi)\,(\pi'\,\pi') \geqq (\pi, \pi')^2 = \lambda^2,$$

$$(119\,\mathrm{b}) \qquad (\pi\,\pi)\,(\pi'\,\pi') \leqq (\pi, \pi')^2 = \lambda^2.$$

Im ersten Falle sind die Erzeugenden reell, im zweiten konjugiert komplex. Ob der eine oder andere Fall eintritt, hängt von der Größe von λ^2 ab.

Wir behandeln zunächst den reellen Fall (119a). Dazu setzen wir:

$$(120) \qquad \begin{aligned} \pi_i &= P\,(e^{i\,\alpha}\,\omega_i + \bar{e}^{i\,\alpha}\,\overline{\omega}_i), \\ \pi_i' &= P\,(e^{i\,\beta}\,\omega_i + \bar{e}^{i\,\beta}\,\overline{\omega}_i) \end{aligned}$$

und haben dann drei Parameter P, α, β zu bestimmen, die jedoch infolge von (118) schon durch eine Bedingung verknüpft sind, da λ nach (109) bereits festgelegt ist. Aus (118) und (120) erhalten wir mit $(\omega, \overline{\omega}) = -\tfrac{1}{2}$:

$$(120\,\mathrm{a}) \qquad +\,\lambda = P^2 \cos\,(\alpha - \beta).$$

Um die restlichen zwei Glieder zu gewinnen, haben wir zunächst (96) zu überschieben mit passenden nicht-trivialen Lösungen von (31). Wir wählen hierzu:

$$(121\,\mathrm{a}) \qquad \breve{\vartheta}_{\mathrm{I}}^{i\,k} = \pi^i\,\pi'^k + \pi^k\,\pi'^i$$

und

$$(121\,\mathrm{b}) \qquad \breve{\vartheta}_{\mathrm{II}}^{i\,k} = \frac{1}{i}\,(e^{i\,(\alpha+\beta)}\,\omega^i\,\omega^k - \bar{e}^{i(\alpha+\beta)}\,\overline{\omega}^i\,\overline{\omega}^k).$$

Die Ausrechnung ergibt dann unter Berücksichtigung von (116) und (96):

$$2\,[R_{ik}]\,\breve{\vartheta}_{\mathrm{I}}^{i\,k} = 2\,(\pi^i\,\pi^{k'} + \pi^k\,\pi^{i'})\,\frac{d}{d\,\tau}\,\varepsilon_{ik} + (\pi^i\,\pi^{k'} + \pi^k\,\pi^{i'})\,\varepsilon_{ik}\cdot\mathrm{div}\,p.\;^{24})$$

$^{24})$ Glieder der Form $\pi^i\,\pi'^k\,\dfrac{d\,b_k}{d\,x^i} = \pi'^k\,\pi^i\,\dfrac{d\,\lambda\,p_k}{d\,x^i}$ verschwinden, da man durch in der Fläche liegende Differentiation eines Nullvektors im benutzten geodätischen Koordinatensystem nur einen zu p_i proportionalen Vektor erhalten kann.

Nach (117a) geht hierin wegen $D_\tau\, p_i = 0$ nur der π, π'-Anteil von ε_{ik} ein, so daß wir schreiben können:

$$(122) \qquad 2\,[R_{ik}]\,\breve{\vartheta}_{\mathrm{I}}^{ik} = \frac{\partial \sqrt{-g}\, E\, p^\varrho}{\partial x^\varrho}$$

mit

$$E = (\pi^i \pi^{k'} + \pi^k \pi^{i'})\,(\pi_i\,\pi_k' + \pi_k\,\pi_i') = 2\,(\pi,\pi)\,(\pi',\pi') + 2\,(\pi,\pi')^2 = 2\,(P^4 + \lambda^2).$$

E ist wieder totalinvariant, da die π_i, π_i' ihrer Definition gemäß von den Koordinatensprüngen unabhängig sind. Entsprechend bilden wir unter Beachtung von

$$\varepsilon_{ik} = 2\,P^2\,(e^{i\,(\alpha+\beta)}\,\omega_i\,\omega_k + \bar{e}^{i\,(\alpha+\beta)}\,\bar{\omega}_i\,\bar{\omega}_k + \omega_i\,\bar{\omega}_k\,e^{i\,(\alpha-\beta)} + \bar{\omega}_i\,\omega_k\,\bar{e}^{i\,(\alpha-\beta)})$$

die Überschiebung

$$(123) \qquad \begin{aligned} \breve{\vartheta}_{\mathrm{II}}^{ik}\,2\,[R_{ik}] &= 2\,\frac{P^2}{i}\cdot\frac{1}{4}\left(e^{i(\alpha+\beta)}\,\frac{d\,\bar{e}^{i(\alpha+\beta)}}{d\,\tau} - \bar{e}^{i\,(\alpha+\beta)}\,\frac{d\,e^{i\,(\alpha+\beta)}}{d\,\tau}\right)\\ &= -\,P^2\,\frac{d\,(\alpha+\beta)}{d\,\tau}. \end{aligned}$$

Ferner bilden wir nach (98) unter Beachtung von $b = 0$ und $(\bar{C}, p) = 0$:

$$(124) \qquad \begin{aligned} -\,[S_{ik}]\,\breve{\vartheta}_{\mathrm{I}}^{ik} &= 2\,(\pi,\chi)\,(\pi',\bar{C}) + 2\,(\pi',\chi)\,(\pi,\bar{C}) - 2\,(\pi,\pi')\,(\chi,\bar{C})\\ &= 2\,\varepsilon^{ik}\,\chi_i\,C_k + 2\,\lambda\,(\chi,\bar{C}) \end{aligned}$$

und

$$(125) \qquad -\,[S_{ik}]\,\breve{\vartheta}_{\mathrm{II}}^{ik} = \frac{1}{i}\,\big(e^{i\,(\alpha+\beta)}\,(\omega,\chi)\,(\omega,\bar{C}) - \bar{e}^{i\,(\alpha+\beta)}\,(\bar{\omega},\chi)\,(\bar{\omega},\bar{C})\big).$$

Die Maxwell-Lorentzschen Gleichungen (110) überschieben wir genau wie im Falle der Sprünge 2. Ordnung entsprechend (61), (62) mit χ_i bzw. $\breve{\chi}_i$. Wir erhalten in geodätischen Koordinaten wegen (116):

$$(126)\quad \chi_i\,\frac{1}{\sqrt{-g}}\left[\frac{\partial \sqrt{-g}\,F^{i\alpha}}{\partial x^\alpha}\right] = 2\chi_i\frac{d}{d\,\tau}\chi^i + (\chi,\chi)\,\mathrm{div}\,p - \lambda\,(\bar{C},\chi) - \varepsilon^{k\varrho}\,\chi_k\,\bar{C}_\varrho = 0$$

und wegen

$$(\chi,\breve{\chi}) = 0 \text{ mit } \chi_i = \sqrt{J}\,(e^{i\chi}\omega_i + \bar{e}^{i\chi}\bar{\omega}_i) \text{ und } \breve{\chi}_i = \frac{1}{i}\,(e^{i\chi}\omega_i - \bar{e}^{i\chi}\bar{\omega}_i):$$

$$(127) \qquad \breve{\chi}_i\,\frac{1}{\sqrt{-g}}\left[\frac{\partial \sqrt{-g}\,F^{i\alpha}}{\partial x^\alpha}\right] = \sqrt{J}\,\frac{d\,\chi}{d\,\tau} - \lambda\,(\bar{C},\breve{\chi}) - \varepsilon^{k\varrho}\,\breve{\chi}_k\,\bar{C}_\varrho = 0.$$

Die Gravitationsgleichungen liefern nach (122) und (124):

$$(128) \qquad \frac{1}{\sqrt{-g}}\,\frac{d\,\sqrt{-g}\,E\,p^\varrho}{\partial x^\varrho} = 4\,k\,(\varepsilon^{ik}\,\chi_i\,\bar{C}_k + \lambda\,(\chi,\bar{C}))$$

und nach (123) und (125) mit $\delta = (\alpha+\beta) - \chi - c$:

$$(129) \qquad -\,P^2\,\frac{d\,(\alpha+\beta)}{d\,\tau} = -\,2\,k\,\sqrt{J}\cdot R\,\sin\delta.$$

Wieder sieht man, daß durch Addition von (126) und (128) ein Erhaltungs-satz

$$(130) \qquad \frac{\partial \sqrt{-g}\, p^\varrho\, (E + 4\,k\,J)}{\partial x^\varrho} = 0$$

resultiert. Wir haben also sehr analoges Verhalten zum Falle $b_i = 0$.

In den Gleichungen (126) bis (129) sind die rechten Seiten noch durch χ, $(\alpha + \beta)$, λ, P^2 und J auszudrücken, was unter Berücksichtigung von (120a) leicht durchführbar ist. Wir erhalten:

$$(131) \quad \begin{cases} \text{(a)} \quad \dfrac{dE}{d\tau} + E \operatorname{div} p = 4\,k\,P^2 \cdot R\,\sqrt{J}\,\cos\delta, \\[2ex] \text{(b)} \quad \dfrac{dJ}{d\tau} + J \operatorname{div} p = -\,P^2\,R\,\sqrt{J}\,\cos\delta, \\[2ex] \text{(c)} \quad P^2\,\dfrac{d\,(\alpha + \beta)}{d\tau} = 2\,k\,\sqrt{J}\,R\,\sin\delta, \\[2ex] \text{(d)} \quad \sqrt{J}\,\dfrac{d\chi}{d\tau} = P^2\,R\,\sin\delta. \end{cases}$$

Merkwürdigerweise hebt sich auf der rechten Seite das Glied mit λ überall heraus und tritt nur noch in $E = 2\,(P^4 + \lambda^2)$ auf. Daß gegenüber Gleichung (69) bis (72) $\sin\delta$ und $\cos\delta$ vertauscht sind, liegt an der Definition von $(\alpha + \beta)$ bzw. 2γ.

Besonderes Interesse dürfte noch der singuläre Fall

$$P^4 = \lambda^2, \quad \text{d. h. } E = 4\,\lambda^2$$

der zusammenfallenden Erzeugenden von ε_{ik} besitzen, der in den eben ge-wonnenen Gleichungen mit enthalten ist.

Nunmehr behandeln wir den Fall (119b) konjugiert komplexer Erzeugen-der. Wir setzen:

$$e^{\frac{1}{i\,\delta}}\,\pi_i = A\,e^{i\,\alpha}\,\omega_i + B\,e^{i\,\beta}\,\overline{\omega}_i,$$

$$e^{\overset{+}{\frac{1}{i\,\delta}}}\,\pi_i' = A\,\overline{e}^{i\,\alpha}\,\overline{\omega}_i + B\,\overline{e}^{i\,\beta}\,\omega_i;$$

der δ-Faktor auf der linken Seite hebt sich bei der Bildung von ε_{ik} heraus und bleibt prinzipiell unbestimmt, insbesondere können wir daher setzen $\delta = -\dfrac{\alpha + \beta}{2}$ und erhalten mit $\dfrac{\alpha - \beta}{2} = \nu$:

$$(132) \qquad \begin{aligned} \pi_i &= e^{i\nu}\,A\,\omega_i + \overline{e}^{i\nu}\,B\,\overline{\omega}_i, \\ \pi_i' &= e^{i\nu}\,B\,\omega_i + \overline{e}^{i\nu}\,A\,\overline{\omega}_i. \end{aligned}$$

Damit wird

$$(133) \qquad (\pi, \pi') = -\,\lambda = -\,\tfrac{1}{2}\,(A^2 + B^2).$$

λ kann nur positiv sein für komplexe Erzeugende, was nach dem im Abschnitt 3 Gesagten (Gl. (21a)) ohne weiteres klar ist. Der Fall (119b) mit negativem λ ist also nicht möglich.

Überschieben wir (98 a) mit (121 a), so erhalten wir wieder:

$$(134) \qquad \frac{1}{\sqrt{-g}} \frac{\partial \sqrt{-g}\, E\, p^\varrho}{\partial x^\varrho} = 4\, k\, (\varepsilon^{ik} \chi_i\, C_k + \lambda\, (\chi, \overline{C}))$$

mit

$$E = 2\, (\pi\, \pi)\, (\pi'\pi') + 2\, (\pi\, \pi')^2 = 2\, A^2 B^2 + \tfrac{1}{2}\, (A^2 + B^2)^2 = 2\, A^2 B^2 + 2\lambda^2.$$

Es ist klar, daß wieder ein Erhaltungssatz für die Summe der elektrischen und Gravitationssprungenergie herauskommt, der nur verschwindet, wenn alle Sprünge wegtransformierbar sind. Ferner erhalten wir durch Überschiebung mit $\breve{\vartheta}^{ik}_{II} = \frac{1}{i}\, (e^{2\,i\,\nu}\, \omega^i \omega^k - \bar{e}^{2\,i\,\nu}\, \overline{\omega}^i\, \overline{\omega}^k)$:

$$(135) \qquad -A\, B \cdot 2\, \frac{d\,\nu}{d\,\tau} = + \frac{2\,k}{i}\, (e^{2\,i\,\nu}\, (\omega\, \chi)\, (\omega\, \overline{C}) - \bar{e}^{2\,i\,\nu}\, (\overline{\omega}\, \chi)\, (\overline{\omega}\, \overline{C})).$$

Also gilt in völliger Analogie zu (128) und (129):

$$(136) \qquad \frac{d\,E}{d\,\tau} + E\,\operatorname{div} p = 4\, k \cdot A\, B\, R\, \sqrt{J} \cdot \cos \delta,$$

$$(137) \qquad A\, B\, 2\, \frac{d\,\nu}{d\,\tau} = k\, \sqrt{J}\, R\, \sin \delta$$

mit

$$\delta = 2\,\nu - \chi - c.$$

Auch in den Gleichungen (131 b und d) ist im Falle komplexer Erzeugenden von $\varepsilon_{ik}\, P^2$ durch $A \cdot B$ zu ersetzen. Dazu haben wir die Divergenzgleichung (109) für λ, die die Eigenschaft besitzt, daß die hieraus durch Integration zu gewinnende Erhaltungsgröße auch gegen eine Neuwahl des Vektors d unempfindlich ist (Materialgleichung).

<h2 style="text-align:center">10.</h2>

Für den allgemeinen Fall

$$(138) \qquad b_i = B\, (e^{i\,\varrho}\, \omega_i + \bar{e}^{i\,\varrho}\, \overline{\omega}_i) + \lambda\, p_i = B_i + \lambda\, p_i$$

mit $B \neq 0$ machen wir den Ansatz mit $(\pi, p) = (\pi', p) = 0$:

$$(139) \qquad \varepsilon_{i\,k} = \pi_i\, \pi'_k + \pi_k\, \pi'_i + f_i\, B_k + f_k\, B_i + a_i p_k + a_k p_i.$$

Darin bedeutet f_i den in (106) und (107) definierten Einheitsvektor. Die Definitionsgleichungen (138) liefern dann:

$$(140) \qquad p^k \varepsilon_{i\,k} - \tfrac{1}{2}\, p_i \varepsilon = B_i - p_i\, (\pi, \pi') = B_i + \lambda p_i, \text{ also } \lambda = -\, (\pi, \pi').$$

Wir sehen also die Gleichungen (117) als die homogenen an und addieren zu deren allgemeiner Lösung eine Lösung von (138). Wegen (140) sind in π, π' noch zwei Parameter unbestimmt, die wir genau wie im vorigen Abschnitt bestimmen. Wir haben formal mit genau den gleichen Tensoren wie dort zu überschieben. Der Sprung des Energietensors zeigt überhaupt keine Abweichung. Die Überschiebungen des Sprunges des verjüngten Riemannschen Tensors mit $\check{\vartheta}_{\mathrm{I}}^{ik}$ bzw. $\check{\vartheta}_{\mathrm{II}}^{ik}$ unterscheiden sich lediglich durch die Dissipationsfunktionen:

$$\check{\vartheta}_{\mathrm{I}}^{ik} D_k(B_i) \quad \text{bzw.} \quad \check{\vartheta}_{\mathrm{II}}^{ik} D_k(B_i.)$$

Es läßt sich jetzt kein Erhaltungssatz außer mit Hilfe der Gleichung (110a) mehr gewinnen, der dissipationsfrei ist.

Auch die Maxwell-Lorentzschen Gleichungen (110) lassen sich ähnlich behandeln im Falle $b \neq 0$. Man hat nur zu setzen:

$$\chi_i = \mu f_i + \sqrt{J}\,(e^{i\chi}\omega_i + \bar{e}^{i\chi}\bar{\omega}_i) = \mu f_i + \mathsf{X}_i$$

und danach zu überschieben mit X_i und $\check{\chi}_i$, das orthogonal zu X_i zu wählen ist. Die resultierenden Gleichungen unterscheiden sich wiederum nur um die Zusatzfunktionen:

$$\mathsf{X}_\varrho\left(B^\alpha \overline{F}_\alpha^{\;\cdot\varrho} + g^{\varrho k}\frac{\partial b}{\partial x^k}\right) \quad \text{bzw.} \quad \check{\chi}_\varrho\left(B^\alpha \overline{F}_\alpha^{\;\cdot\varrho} + g^{\varrho k}\frac{\partial b}{\partial x^k}\right)$$

von den Gleichungen (131b) und (131d).

Es ist mir ein Bedürfnis, auch an dieser Stelle Herrn Prof. Dr. Gustav Herglotz zu danken für seine zahlreichen Anregungen, sowie für das liebenswürdige Interesse, das er der vorliegenden Arbeit entgegengebracht hat.

(Eingegangen am 31. 1. 1938.)

Lebenslauf.

Ich bin am 24. März 1909 zu Brandenburg a. H. als Sohn des Apothekers Wilhelm Stellmacher geboren, bin arischer Abstammung und deutscher Staatsangehörigkeit.

Nachdem ich Ostern 1927 die Reifeprüfung am Gymnasium zu Stralsund bestanden hatte, studierte ich Mathematik und Naturwissenschaften. Zunächst 4 Semester an der Universität Halle, dann 1 Semester an der Universität Kiel und die übrige Zeit an der Universität Göttingen, wo ich 1933 das Staatsexamen in Mathematik, Physik und Chemie bestand.

Allen meinen hochverehrten Lehrern gilt mein bleibender Dank, ganz besonders Herrn Professor Dr. G. Herglotz, dem ich viele Anregungen zu den vorstehenden Arbeiten verdanke.